Häuschen, Spielzeug & Co.:
Selbstgebasteltes für

HAMSTER

Häuschen, Spielzeug & Co.:
Selbstgebasteltes für

HAMSTER

Über 20 lustige Projekte – Tunnel, Türme,
Schaukeln, Leitern, Höhlen und noch viel mehr

Carin Oliver

Librero

Die Originalausgabe erschien 2016 unter dem Titel:
Homemade for Hamsters

Postbus 72, 5330 AB Kerkdriel, Niederlande

Senior Editor: Julia Shone
Senior Art Editor: Emma Clayton
Layout: Karin Skånberg
Fotos: Simon Pask
Illustrationen: Charlotte Farmer
Art Director: Caroline Guest
Creative Director: Moira Clinch
Verleger: Paul Carslake

Produktion der deutschsprachigen Ausgabe:
Tanja Timmerman vertaling & redactie
Übersetzung: Judith Muhr
Satz: Elixyz Desk Top Publishing

Printed in China

ISBN: 978-90-8998-747-1

Bei der Zusammenstellung der Texte und Abbildungen wurde mit größter Sorgfalt vorgegangen. Trotzdem können Fehler nicht vollständig ausgeschlossen werden. Verlag und Autor können für fehlerhafte Angaben und deren Folgen weder juristische noch irgendeine Haftung übernehmen. Für Verbesserungsvorschläge und Hinweise auf Fehler sind Verlag und Autor dankbar.

HINWEIS
Weder Autoren noch Verlag haften für jegliche Schäden, die durch eine falsche Anwendung der in diesem Buch enthaltenen Informationen entstanden sind.

INHALT

1 ERSTE SCHRITTE

Die Vorbereitungen für das Basteln von Sportgeräten und Spielzeug für Deinen Hamster sind ganz einfach – Du brauchst nur ein paar Werkzeuge und Materialien, die Du größtenteils wahrscheinlich ohnehin zuhause hast. Dieses Kapitel enthält Informationen darüber, wie Du für Dein Haustier eine sichere und interessante Umgebung schaffst und ihm damit ein glückliches und langes Leben bietest. Außerdem bekommst Du detaillierte Infos über die benötigten Baumaterialien und Werkzeuge ebenso wie über einige grundlegende Techniken – alles, was Du brauchst, um loszulegen.

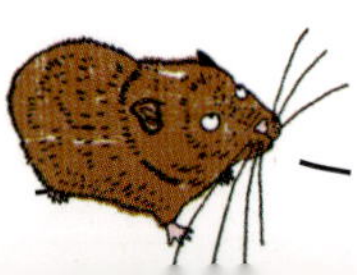

PROJEKTE UND TRAININGSZEITEN PLANEN

Du musst ein bisschen planen, um Sportausrüstung herzustellen und zu warten, die optimal für Deinen Hamster ist. Regelmäßige Überprüfungen sorgen dafür, dass alles in gutem Zustand bleibt.

Größe

Achte darauf, die Größe Deiner Spielzeuge so auszulegen, dass Dein Hamster sie bequem benutzen kann, ohne darin stecken zu bleiben. Eintrittsöffnungen müssen so angelegt werden, dass Dein Hamster gut hindurchpasst und noch ein bisschen Luft ist. Wenn Du ein Tunnelsystem baust, lass Deinen Hamster zuerst ein Musterstück auszuprobieren, um sicherzustellen, dass die Röhre groß genug ist und er selbst dann nicht stecken bleiben kann, wenn er die Backen voller Futter hat.

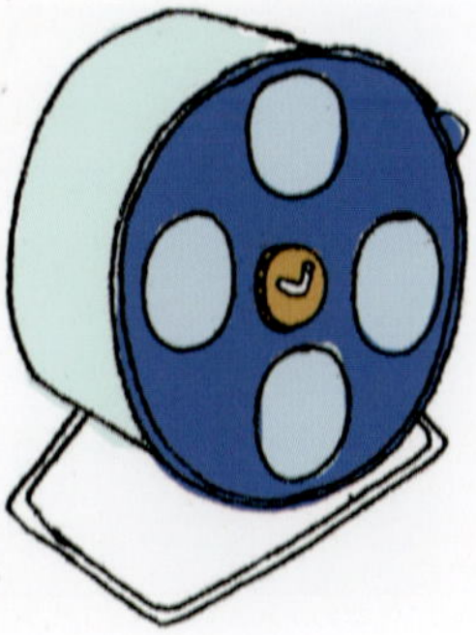

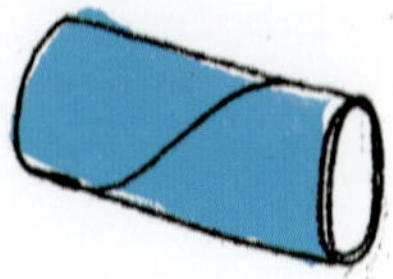

Überwache das Training

Hamstern tut es gut, regelmäßig Sport außerhalb ihrer Käfige zu machen. Mit den Projekten in diesem Buch kannst Du einen wunderbaren Spielplatz mit den unterschiedlichsten Aktivitäten anlegen, bei denen sich Dein Hamster richtig auspowert. Überwache jedoch die Sportstunden Deines Hamsters – so bleibt er sicher und Du kannst Zeit mit ihm verbringen. Durch die Beobachtung beim Spielen erkennst Du auch, welche Art Spielzeug Dein Haustier am liebsten hat. Bevor Du den Hamster aus dem Käfig lässt, kontrolliere, ob Du den Raum hamstersicher gemacht hast und alle Fluchtmöglichkeiten (z. B. Fenster und Türen) oder Schränke voller Versteckmöglichkeiten verschlossen sind.

Sicherheitstest und Wartung

Wenn Du Material sammelst und Projekte baust, entferne scharfe Kanten, die Deinen Hamster verletzen könnten oder zum Nagen verleiten. Spielzeuge und Verstecke müssen regelmäßig überprüft werden, um sicherzustellen, dass sie in gutem Zustand sind. Repariere oder ersetze angenagte oder verschlissene Spielzeuge und überprüfe die Verstecke regelmäßig auf dort abgelegtes Futter, das schimmeln kann.

GRUNDLEGENDE TECHNIKEN UND ANLEITUNGEN

Hier findest Du ein paar praktische Tipps ebenso wie Anleitungen für die Herstellung von hamstersicherem Kleber und Farbe. Lies Dir diese durch, bevor Du anfängst – damit werden Deine fertigen Projekte toll aussehen und für Dein Tier unschädlich sein.

Pflanzliche Farbe herstellen

Du kannst handelsübliche natürliche Lebensmittelfarben verwenden, um die Spielzeuge Deines Hamsters zu färben, Du kannst aber auch eigene Farbe aus Obst und Gemüse herstellen:

1 Rasple oder schneide das Obst oder das Gemüse in kleine Teile.

2 Gieße Wasser in den Mixer und füge das Obst oder Gemüse hinzu. Um kräftigere Farben zu erzielen, verwende weniger Wasser. Mixe das Ganze, bis das Obst oder Gemüse sehr klein gehäckselt ist und eine gleichmäßige Konsistenz aufweist.

3 Gieße die Mischung durch ein Sieb in eine Schüssel, um die Fasern zu entfernen. Die daraus entstandene Farbe kann auf Holz oder Papier aufgetragen werden.

WAS DU BRAUCHST

* Hamstersicheres Obst oder Gemüse in der gewünschten Farbe (siehe Auswahl der Leckerlis für Deinen Hamster auf Seite 13)
* Ca. 1 Tasse (250 ml) Wasser
* Schäler oder Küchenmesser
* Mixer
* Sieb

Falten

Feste Materialien wie z. B. Pappe sauber zu knicken, kann kompliziert sein. Ein oder zwei zusätzliche Schritte sorgen für ein besseres Ergebnis:

1 Arbeite auf der Seite der Pappe, die bei der fertig gefalteten Form außen liegen wird. Verwende ein Lineal zum Messen und um eine Linie zu ziehen, wo die Faltung erfolgen soll.

2 Lege das Lineal auf die Linie. Fahre die Linie unter leichtem Druck auf dem Material fest nach. Achte darauf, die Pappe nicht zu zerschneiden.

3 Dreh die Pappe um, miss erneut und ziehe eine Linie an derselben Stelle. Halte das Lineal an die Linie und falte die Pappe nach oben.

Kleben

Beim Kleben musst Du vor allem darauf achten, dass der Kleber trocken ist, bevor Du mit dem nächsten Bauabschnitt weitermachst.

1 Schütze die Arbeitsoberfläche mit einem Stück Papier oder Pappe.

2 Wenn Du Kleber aus einer Flasche verwendest, öffne den Verschluss nur bis zur Hälfte, um zu vermeiden, dass versehentlich zu viel Kleber herausfließt.

3 Verwende genügend Kleber, um die Teile zusammenzuhalten. Drücke die Teile zusammen, während der Kleber trocknet, indem Du sie vorübergehend mit einem Klebeband fixierst, ein schweres Buch darauflegst oder die Klebeverbindung während des Trocknens mit einer großen Büroklammer zusammenklemmst. Lass das Ganze vollständig trocknen.

Pappmaschee-Paste und ungiftiger Kleber

Nach dieser Anleitung stellst Du eine praktische weiche Paste her, mit der Du Papier kleben oder Pappmaschee herstellen kannst. Bewahre sie im Kühlschrank auf, wenn Du nicht gleich die gesamte Menge benötigst.

1 Schütte das Mehl in eine Schüssel und füge das Salz sowie 1 Tasse (250 ml) Wasser hinzu. Mische das Ganze gut durch.

2 Bring in einem Topf die beiden anderen Tassen Wasser (500 ml) zum Kochen. Sobald das Wasser kocht, füge langsam die Mehl-Wasser-Mischung hinzu. Koche das Ganze unter Rühren 2–3 Minuten auf.

3 Lass die Masse langsam abkühlen. Wenn sie zu dick ist, füge langsam ein wenig Wasser hinzu.

WAS DU BRAUCHST

* 1 Tasse (250 ml) Mehl
* ¼ Teelöffel (1 ml) Salz
* 3 Tassen (750 ml) Wasser

Mit einem Teppichmesser schneiden

Teppichmesser sind praktisch, um Materialien zu schneiden, die zu dick für Scheren sind. Sie sollten jedoch nur von Erwachsenen benutzt werden, weil sie sehr scharf sind.

1 Schütze die Oberfläche Deines Arbeitstisches mit einer Schneidematte oder einem Stück Pappe.

2 Wenn das Messer eine verriegelbare Klinge hat, stelle sicher, dass es vor Gebrauch ordnungsgemäß verriegelt ist. Achte beim Schneiden darauf, Deine andere Hand nicht vor die Klinge zu legen.

3 Schneide unter Anwendung von leichtem Druck und mach gegebenenfalls mehrere Durchgänge. Schiebe die Klinge immer zurück, wenn Du mit dem Schneiden fertig bist.

HINWEIS:

Wenn Du entlang eines Lineals schneidest, um eine gerade Kante zu erzielen, verwende immer ein Lineal aus Stahl, nicht aus Kunststoff.

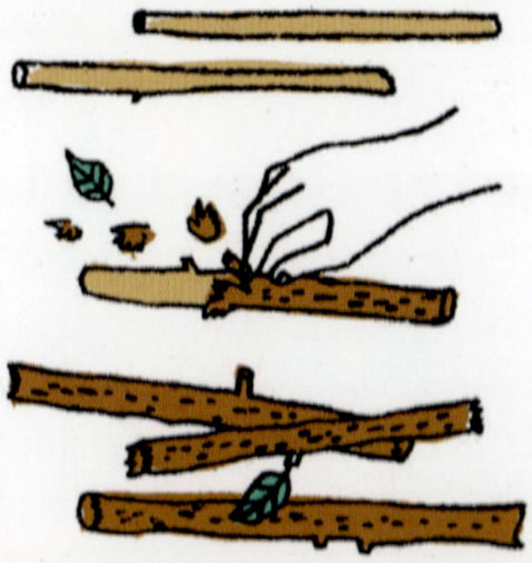

Gesammelte Zweige desinfizieren

Du kannst für die Herstellung Deiner Hamsterspielzeuge Äste und Zweige verwenden, die jedoch desinfiziert werden müssen, um Bakterien und Parasiten abzutöten.

1 Sammle nur von hamstersicheren Bäumen Zweige, z. B. von Laubbäumen wie Weide, Buche, Ahorn, Birke, Haselnuss, Birne und Apfel. Vermeide Zweige von Obstbäumen, die gespritzt wurden, oder von Bäumen an der Straße, die einer sehr hohen Abgasbelastung ausgesetzt sind.

2 Entferne lose Rinde und Schmutz.

3 Erhitze die Zweige 2–3 Stunden bei 120 °C im Ofen.

EIN GEMÜTLICHES ZUHAUSE FÜR DEN HAMSTER

Der Bau und die Ausstattung eines Käfigs für Deinen Hamster ist der erste Schritt, um dafür zu sorgen, dass sich Dein kleiner pelziger Freund in seiner neuen Umgebung wohlfühlt. Hier findest Du einige grundlegende Anleitungen dazu, wie Du eine sichere und lustige Umgebung für ihn anlegst.

NEST MIT BETTCHEN
Ein Hamster braucht ein sicheres Nest mit unschädlichem Bettchen (wie z. B. die Versteckhöhle, siehe Seiten 80–81), um tagsüber schlafen zu können.

KLETTERWAND
Hamster lieben es zu klettern, Du solltest also die vertikale Akrobatik Deines Haustiers fördern. Die hölzerne Kletterwand (siehe Seiten 40-41) kann gut an den Stangen des Käfigs oder an einer Plattform angebracht werden.

NAHRUNG
Verwende spezielle Hamsternahrung – entweder vollwertige Pellets oder eine Mischung aus verschiedenen Getreiden und Samen. Die Nahrung muss auf einem flachen Teller oder direkt auf dem Boden angeboten werden.

WASSERFLASCHE
Die gebräuchlichsten Wasserflaschen haben ein Trinkrohr. Das Wasser sollte täglich gewechselt und die Flasche muss sauber gehalten werden.

SUBSTRAT
Der Käfigboden sollte mit einem Substratmaterial ausgelegt werden (z. B. Sägespäne), um Urin aufzusaugen. Hamster lieben es zu graben, deshalb sollte die Schicht ca. 2,5 cm tief sein. Biete dem Hamster ein wenig Ansporn, indem Du Nahrung verteilst, die er dann suchen muss.

RÖHREN
Röhren imitieren die natürliche Umgebung von Gängen in der Wildnis und bieten Deinem Haustier einen sicheren Rückzugsort.

NAGESPIELZEUG
Die Zähne eines Hamsters wachsen unaufhörlich, er muss also unbedingt nagen, damit sie nicht zu lang werden. Das Spielzeug aus Walnussschalen (siehe Seiten 70–71) ist nicht nur perfekt zum Nagen geeignet, sondern fördert auch den natürlichen Drang Deines Hamsters, nach Futter zu suchen.

PLATTFORM
Plattformen bieten eine Möglichkeit, die Grundfläche des Käfigs zu vergrößern. Achte darauf, dass sie immer am Käfigrahmen gesichert sind.

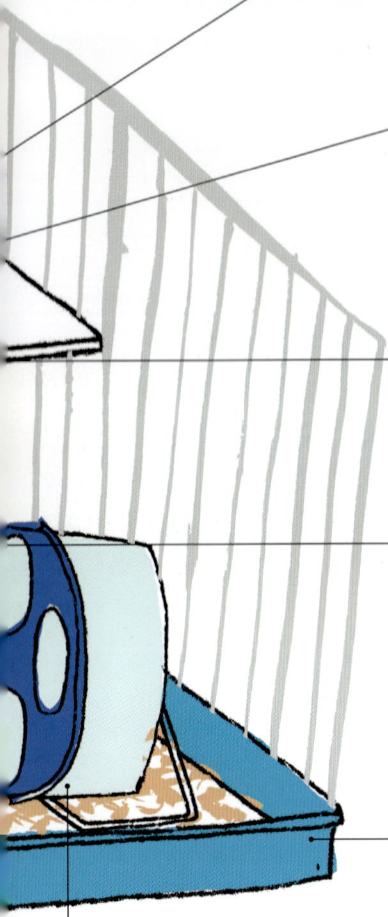

LECKERLI-BALL
(Siehe Seiten 74–75.) Dieses Spielzeug beschäftigt den Hamster, weil er für Leckerlis arbeiten muss. Die Pappe ist außerdem gut zum Nagen.

KRUMME BRÜCKE
(Siehe Seiten 52–53.) Sie ermöglicht Deinem Hamster, die verschiedenen Ebenen des Käfigs zu erreichen.

ZUSÄTZLICHES HAUS
(Optional.) Hamster lieben es, sich in kleinen, abgeschlossenen und dunklen Räumen zu erholen, weil sie sich dort am sichersten fühlen. Das Hamstergebirge (siehe Seiten 82–85) bietet einen verlockenden Rückzugsort ebenso wie eine Gelegenheit, sich zu bewegen und die Umgebung zu erkunden.

KÄFIG
Für Hamsterkäfige wird eine Bodenfläche von mindestens 1000 cm² und eine Höhe von 19 cm für Goldhamster und für Zwerghamster 750 cm² nutzbare Bodenfläche mit einer Höhe von 17 cm empfohlen. Kaufe den Käfig so groß wie möglich, damit Dein Hamster genügend Platz hat.

RAD
Hamster brauchen unbedingt ein Rad (siehe Seiten 28–31). Stelle immer sicher, dass das Rad so groß ist, dass sich Dein Haustier darin bequem bewegen kann.

AUSWAHL DER LECKERLIS FÜR DEINEN HAMSTER

Auf den Seiten 68–77 findest Du eine Auswahl von Nagespielzeug-Projekten. Häufig sind in diesen Spielzeugen Leckerlis verborgen, damit Dein Hamster zum Nagen angeregt wird. Du musst unbedingt wissen, welches Futter unschädlich für Deinen Hamster ist. Bitte beachte, dass diese Liste nicht vollständig ist!

UNSCHÄDLICHE LECKERLIS

- Äpfel (aber nicht die Kerne)
- Bananen
- Brombeeren
- Blaubeeren
- Brokkoli
- Karotten
- Kokosnuss
- Getrocknete Mehlwürmer
- Mango
- Nüsse – Mandeln (müssen geschält werden), Paranüsse, Cashewkerne, Erdnüsse, Pekannüsse, Walnüsse
- Rosinen
- Spinat
- Erdbeeren
- Sonnenblumenkerne – nur als besonderes Leckerli, weil sie sehr fett sind
- Wiesenlieschgras-Heu – enthält viele Ballaststoffe
- Wassermelone

SCHÄDLICHE LECKERLIS

- Tomatenblätter
- Bohnen und Kartoffeln – führen häufig zu Durchfall
- Zwiebeln, Knoblauch und Pfeffer
- Alle Zitrusfrüchte – zu sauer für Hamster
- Fast-Food
- Gezuckerte Nahrungsmittel (Glukose, Honig usw.)
- Schokolade/Erdnussbutter/jegliche Süßigkeiten

Apple Juice
1
2
3
4
5
6
7
8
9
10
11
12
13
14
15
16

BAUMATERIALIEN

Alle Baumaterialien sind leicht zu beschaffen. Wahrscheinlich hast Du die meisten Dinge schon zuhause. Wenn nicht, findest Du sie ganz einfach in einem Baumarkt oder Bastelladen.

KLOPAPIER/KÜCHENROLLE (1)
Stelle sicher, dass das Papier weder parfümiert noch gefärbt ist.

KLOPAPIERROLLEN (2)
Einfache Papprollen sind leicht zu beschaffen und ergeben großartige Spielzeuge.

SAFT- ODER MILCHKARTONS (3)
Diese Behälter haben eine Wachsbeschichtung, sodass sie gut für Hamsterspielzeuge geeignet sind, die Sand enthalten. Du musst jedoch sicherstellen, dass Dein Hamster sie nicht frisst.

SAUBERE PLASTIKFLASCHEN (4)
Sie sind gut geeignet, um durchsichtige Tunnel zu bauen. Achte jedoch darauf, dass sie nicht im Käfig zurückbleiben, wo Dein Hamster daran nagen könnte.

SAUBERE KUNSTSTOFFBEHÄLTER ODER -VERPACKUNGEN VON LEBENSMITTELN (5)
Sie sind praktisch als Bestandteile von durchsichtigen Erlebnisirrgärten, sollten jedoch auch nicht unbeaufsichtigt im Käfig Deines Hamsters bleiben.

EISSTIELE (6)
Wenn Du diese sammelst, stelle sicher, dass sie sauber sind, bevor Du sie verwendest. Du kannst sie auch neu im Baumarkt kaufen und mit Pflanzenfarbe färben (siehe Seite 10).

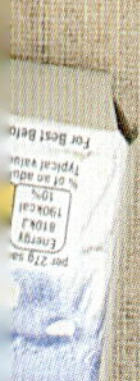

HOLZDÜBEL (7)
Es gibt sie in vielen verschiedenen Größen. Sie sind im Baumarkt erhältlich.

WELLPAPPE (8)
Du kannst Pappe aus Verpackungen wiederverwenden. Achte auf Schachteln mit wenig Aufdruck, weil sie sicherer für Deinen Hamster sind.

TONPAPIER (9)
Verwende buntes Tonpapier mit Farben auf Sojabasis. Wenn Dein Hamster jedoch gern Papier frisst, ist es besser, weißes Papier zu verwenden und es mit pflanzlichen Farben zu färben, die nach der Anleitung in „Grundlegende Techniken“ (siehe Seite 10) hergestellt werden.

ZEITUNG (10)
Verwende nur Schwarzweiß-Zeitungen und vermeide farbige Hochglanzseiten.

WEISSES KOPIERPAPIER (11)
Wenn Du einen Drucker hast, dann hast Du auch Kopierpapier. Andernfalls kannst Du es im Schreibwarenhandel kaufen.

KLEINE KARTONSCHACHTELN (12)
Leere Papiertaschentuch-Schachteln oder Pappkartons von Lebensmitteln sind ideal. Versuche, Schachteln mit wenig Aufdruck zu verwenden.

BINDEDRAHT (13)
Du kannst den Draht von einem Kleiderbügel verwenden oder dünneren Draht im Baumarkt kaufen.

BAMBUSSPIESSE (14)
Diese findest Du im Asien-Shop oder Internet; es gibt sie in Groß und Klein.

GESAMMELTE ZWEIGE (15)
Stelle sicher, dass Du nur Zweige von Laubbäumen verwendest, z. B. Weide, Buche, Ahorn, Birne und Apfel. Verwende keine Zweige von Obstbäumen, die mit Insektiziden behandelt wurden, und sammle keine Zweige an der Straße, die durch Abgase verunreinigt sein könnten.

GROSSE BASTELSTÄBE (16)
Diese sind vor allem praktisch, wenn Du einen größeren Hamster besitzt und größere Bauwerke für ihn erstellen willst.

WERKZEUG UND ZUSÄTZLICHES MATERIAL

UNGIFTIGER KLEBER (1)
Für Papier verwendest Du einen einfachen Kleber aus Mehl und Wasser (siehe Seite 11). Für Holz und Pappe brauchst Du einen stärkeren, ungiftigen Kleber auf Wasserbasis.

UNGIFTIGE FARBE (2)
Um Deine Hamsterspielzeuge etwas bunter zu machen, verwendest Du am besten natürliche Lebensmittelfarben. Alternativ kannst Du selber pflanzliche Farbe herstellen. Das Rezept findest Du im Abschnitt über die grundlegenden Techniken (siehe Seite 10).

KLEBEFILM (3)
Klebefilm kann verwendet werden, um Teile vorübergehend zu fixieren, während der Kleber trocknet. Denk jedoch daran, ihn wieder zu entfernen. Lass keinen Klebefilm an Spielzeugen, an denen Dein Hamster nagen könnte.

SCHNUR (4)
Verwende eine Schnur aus Naturfaser, z. B. Sisal.

BLEISTIFT (5)
Es ist immer praktisch, Stifte zur Hand zu haben, wenn Du eines der Projekte aus diesem Buch nachbaust.

UNGIFTIGE MARKER (6)
Du musst unbedingt ungiftige Marker auf Wasserbasis verwenden, wenn Du Deine Projekte dekorierst.

PINSEL (7)
Du solltest einige Pinsel in verschiedenen kleinen Größen bereithalten. Sie können verwendet werden, um ungiftige Farbe oder Kleber aufzutragen.

UNTERLEGSCHEIBEN (8)
Sie sind vor allem für das Nagespielzeug aus Walnussschalen (siehe Seiten 70–71) praktisch. Achte darauf, dass die Unterlegscheiben so groß sind, dass Dein Hamster sie nicht verschlucken kann.

DRAHTSCHNEIDER (9)
Sehr wahrscheinlich hast Du ein solches Werkzeug zuhause, andernfalls erhältst Du es im Baumarkt.

Es gibt auch Zangen mit Drahtschneidern.

ZANGE (10)
Zum Biegen und Verdrehen von Draht sind Zangen vor allem praktisch, wenn Du mit sehr dickem Draht arbeitest.

TEPPICHMESSER (11)
Praktisch zum Schneiden von Wellpappe. Dieses Werkzeug darf nur von einem Erwachsenen und extrem vorsichtig verwendet werden.

KLEINE BASTELSÄGE (12)
Das beste Werkzeug, um Stäbe oder Dübel zuzuschneiden. Es sollte mit Vorsicht und nur auf einer geeigneten robusten und befestigten Oberfläche verwendet werden.

HAMMER (13)
Für die Projekte in diesem Buch ist ein kleiner Hammer ausreichend.

LINEAL (14)
Ein Lineal ist praktisch, um zu messen, ob die Bauteile groß genug für Deinen Hamster sind. Außerdem kann es verwendet werden, um mit einem Teppichmesser eine gerade Kante zu schneiden (dafür brauchst Du unbedingt ein Lineal aus Stahl).

NÄGEL (15)
Mittelgroße und große Nägel sind praktisch, um Löcher in Dinge zu wie z. B. das Nagespielzeug aus Walnussschalen (siehe Seiten 70–71) zu bohren.

SANDPAPIER (16)
Damit glättest Du alle rauen Kanten, wenn Du Teile aus Kunststoff baust. Verwende eine mittlere Körnung, beispielsweise 120.

DEKOPAPIER (17)
Sparsam verwenden, weil Dein Hamster es kauen kann. Vermeide Papier mit hohem Farbauftrag, Glitzer oder anderen aufgeklebten Dekoelementen.

SCHERE (18)
Um dicke Materialien zu schneiden, verwendest Du am besten eine gute, stabile Schere.

Es gibt einige Werkzeuge und Materialien, die Du für die in diesem Buch beschriebenen Projekte unbedingt brauchst. Trage alles zusammen, damit Du nach Herzenslust basteln kannst.

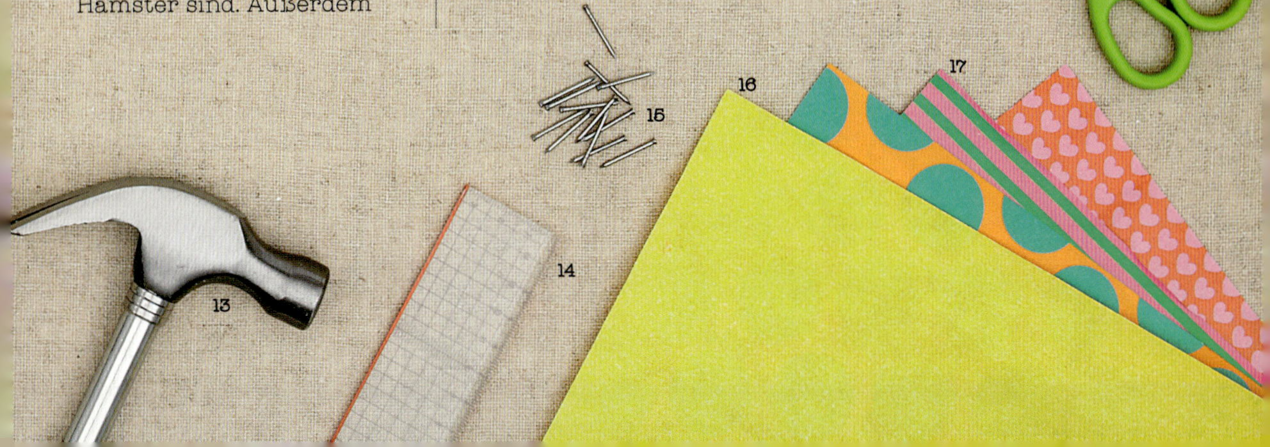

2 DIE PROJEKTE

In diesem Kapitel findest Du Anleitungen und Ideen für 21 interessante Projekte, die Du für Deinen Hamster bauen kannst. Sie sind in fünf Aktivitäten-Gruppen unterteilt: Laufen, Klettern, Buddeln, Nagen und Ausruhen.

LAUFPROJEKTE

Es liegt in der Natur des Hamsters, dass er gerne unterwegs ist. In der Wildnis bewegen Hamster sich täglich über große Distanzen, um in ihrem Territorium nach Nahrung zu suchen. In diesem Abschnitt findest Du zahlreiche Projektideen, die Deinem Haustier die regelmäßige Bewegung bieten, die es braucht.

DER TUNNEL

Wenn Dein Hamster durch diesen Tunnel läuft, kannst Du ihn beobachten – er besteht nämlich aus durchsichtigen Kunststoffflaschen und -behältern.

WERKZEUG & MATERIAL

* Große, durchsichtige Getränke-Plastikflaschen
* Schere
* Klebefilm

OPTIONAL:

* Quadratische Lebensmittel-Kunststoffbehälter für die Verbindung mehrerer Tunnel
* Ungiftige Marker

1 Wasche alle Flaschen und Behälter gründlich aus und entferne die Aufkleber. Schneide mit einer Schere sorgfältig die Oberteile der Flaschen ab. Setze die Schere dazu an dem Punkt an, wo die Flasche beginnt, sich zu krümmen. Stelle sicher, dass Du keine scharfen Kanten stehenlässt.

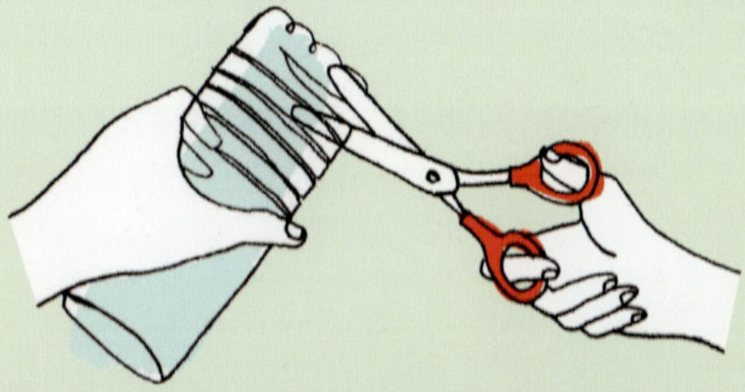

2 Schneide die Unterseiten der Flaschen am breitesten Punkt ab, sodass Du eine größtmögliche Öffnung erhältst.

Kindern sollte bei Schritt 1 und 2 von einem Erwachsenen geholfen werden.

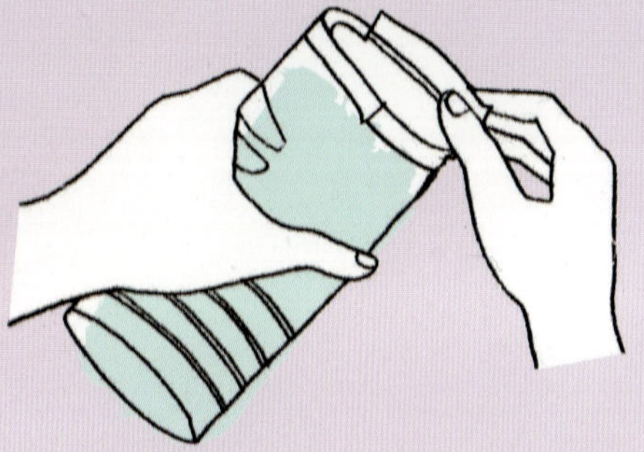

3 Klebe zum Schutz des Hamsters jede Schnittkante sicher mit Klebefolie ab.

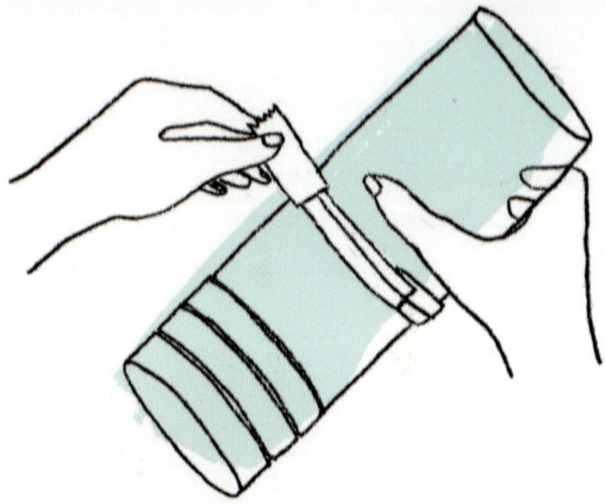

4 Stecke das schmalere obere Ende einer Flasche in das breitere untere Ende einer anderen Flasche. Bring Klebefilm um die gesamte Naht herum an. Wiederhole diesen Vorgang, um mehrere Flaschen zu verbinden und einen Tunnel zu erstellen.

5 Mit einem leeren eckigen Behälter kannst du die Richtung Deines Tunnels ändern. Male die Größe der Tunnelöffnung an der Seite des rechteckigen Behälters auf und schneide die Wand entlang dieser Linie aus. Setze den Tunnel ein und klebe ihn mit Klebefilm fest. Wiederhole dies auf einer der anderen Seiten des eckigen Behälters und lenke damit Deinen Tunnel in eine andere Richtung.

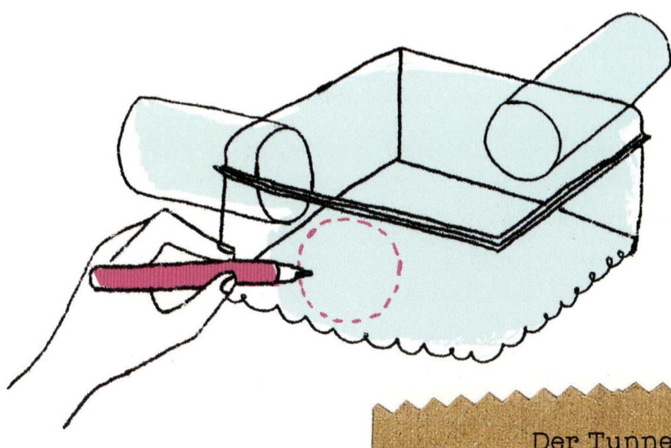

DAS ZAUBERLABYRINTH

In der Wildnis leben Hamster in einem Netz aus unterirdischen Tunneln und Räumen. Du kannst Deinem Hamster eine ähnliche Erfahrung bieten und ihn fördern, indem Du ein Labyrinth aus Pappkarton bastelst. Dies ist eine ideale Aktivität für ein neugieriges Lebewesen mit sehr viel Energie. Und zum Schluss gibt es natürlich eine Belohnung!

WERKZEUG & MATERIAL

* Karton
* Schere oder Teppichmesser
* Schneidematte
* Lineal
* Starker, ungiftiger Kleber
* Stift
* Zuckerfreies Getreide oder ein anderes Leckerli

OPTIONAL:

* Tonpapier, Aufkleber oder ungiftige Marker

Hamsterlabyrinth im Mondrian-Stil

1 Schneide mit einer Schere oder einem Teppichmesser ein Stück Karton für die Grundfläche des Labyrinths zurecht.

2 Schneide vier Streifen Karton für die Außenwände: zwei Streifen für die Längsseite des Labyrinths, zwei für die Breitseite.

3 Zeichne mit Stift und Lineal den Grundriss des Labyrinths auf die Grundfläche. Bau ein paar Sackgassen und Weggabelungen ein, sodass es nicht zu einfach für den Hamster wird.

4 Klebe die vier Kartonstreifen an die Außenkanten der Grundfläche, um die Außenwände aufzubauen.

MACH ES INTERESSANT!

Bau eine Kurve vor jeder Sackgasse ein, damit der Hamster sie nicht sofort erkennt.

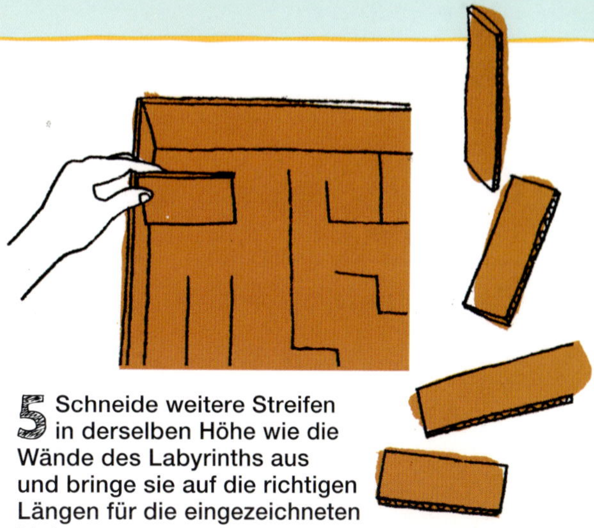

5 Schneide weitere Streifen in derselben Höhe wie die Wände des Labyrinths aus und bringe sie auf die richtigen Längen für die eingezeichneten Linien.

6 Klebe diese Streifen als Wände im Labyrinth fest.

7 Schneide einen letzten Streifen aus, der genau zwischen die Wände in der Nähe des Ausgangspunkts passt. Er dient als Startklappe, die Du immer wieder herausziehst – klebe ihn also nicht fest!

8 Lege ein Leckerli oder Getreide an das Ende des Labyrinths. Dann heb die Startklappe hoch und beobachte den Hamster auf der Strecke. Beaufsichtige den Hamster immer, solange er im Labyrinth ist.

Optional

Bevor Du die Wände des Labyrinths festklebst, dekoriere sie mit Aufklebern, Tonpapier oder ungiftigen Markern. Auf den Fotos siehst Du ein paar Beispiele. Achte aber darauf, dass Dein Hamster die Dekoration nicht frisst!

EIN DURCHSICHTIGER DECKEL

Schummelt Dein Hamster, indem er einfach über die Wände des Labyrinths klettert? In diesem Fall legst du einfach eine Plexiglasscheibe oder eine durchsichtige Kunststofffolie über das Labyrinth. Achte darauf, dass es Luftlöcher gibt.

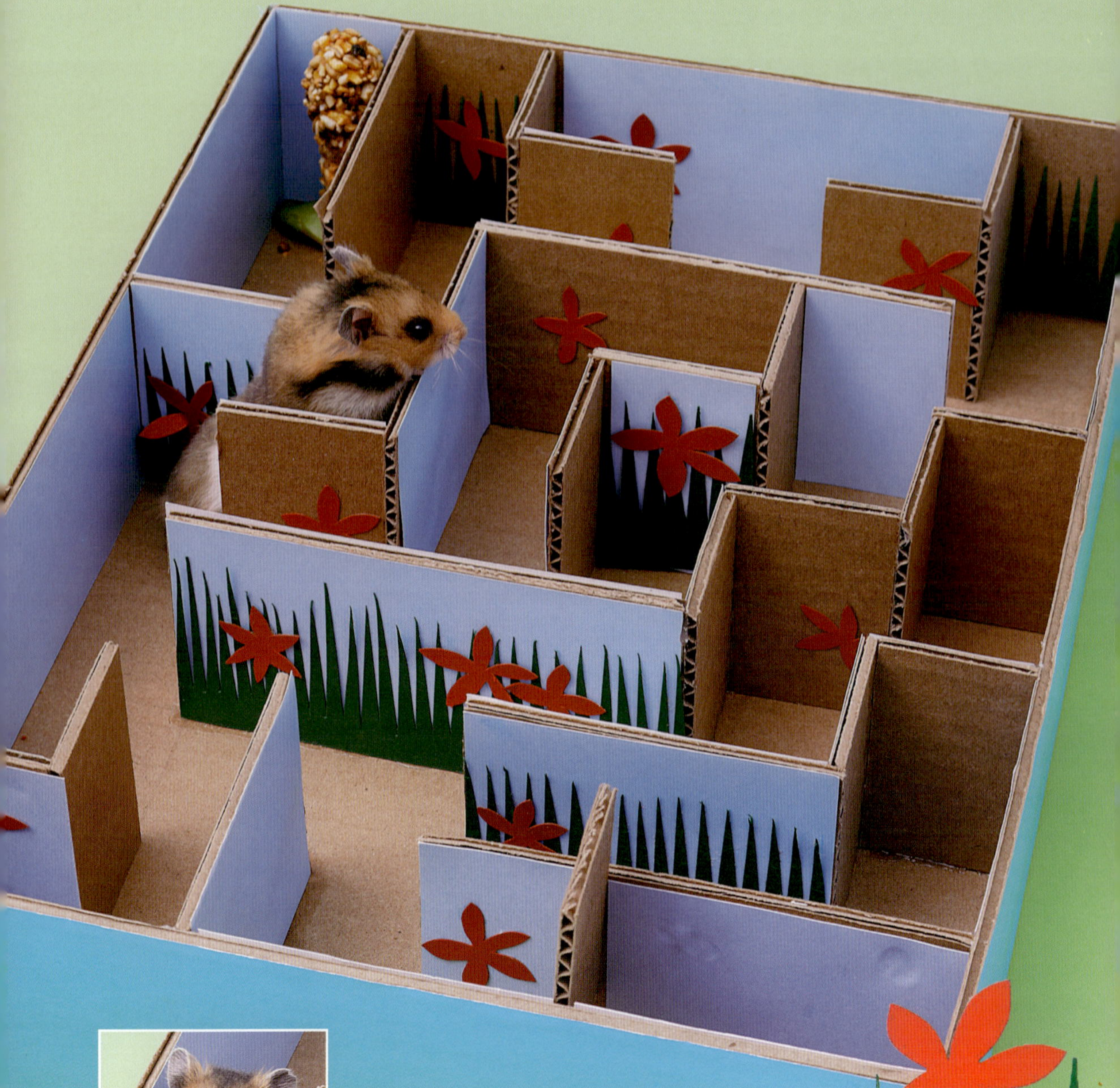

Ein Labyrinth im Wiesen-Look

DAS RAD

Hamster wollen laufen. Mit diesem Projekt sorgst Du dafür, dass Dein Hamster sich richtig auspowern kann. Ein Hamster läuft in der Wildnis durchaus mehrere Kilometer pro Tag – das entspricht ziemlich vielen Runden im Rad.

WERKZEUG & MATERIAL

* Runder Kunststoffbehälter mit Deckel, z. B. eine Margarinedose (die groß genug ist, dass der Hamster darin laufen kann, ohne seinen Rücken durchzubiegen)
* Fester Draht, ca. 60 cm lang – dafür kannst Du ein Stück von einem Kleiderbügel verwenden, abgeschnitten und gerade gebogen
* Teppichmesser
* Sandpapier
* Zange
* Drahtschneider
* Stift
* Wellpappe
* Schere

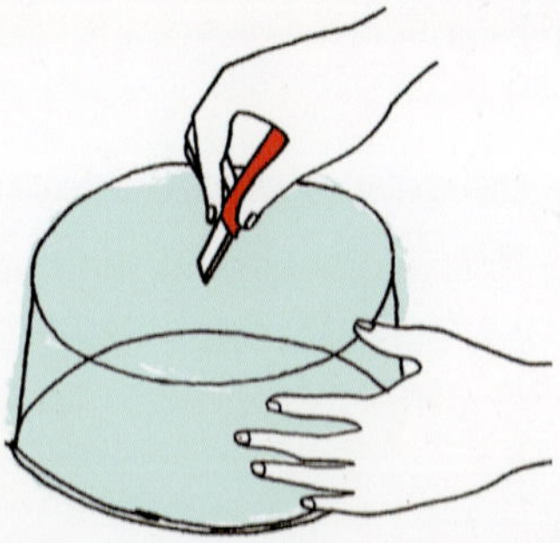

1 Wasche den Plastikbehälter sorgfältig aus. Bohre in der Mitte des Behälterbodens mit einem Teppichmesser oder dem Drahtende ein Loch.

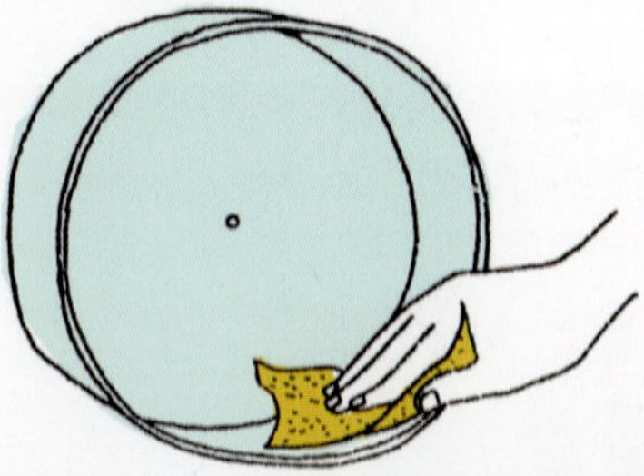

2 Wenn die Innenseite des Behälters sehr glatt ist, reibe sie entlang der Seiten mit Sandpapier ab, damit Dein Hamster im Rad nicht ausrutscht.

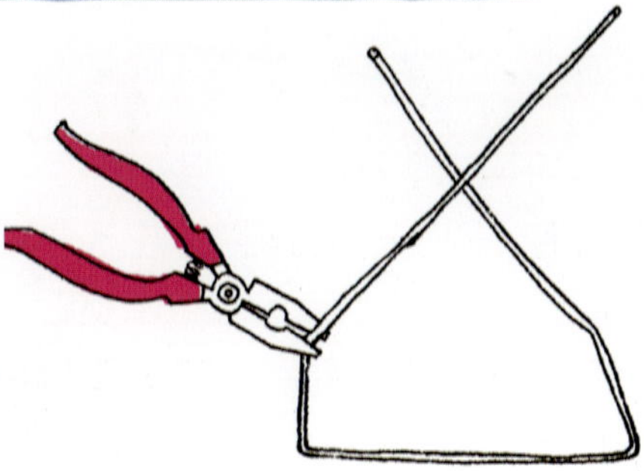

3 Biege den Draht mit Hilfe einer Zange so, dass sich drei Seiten eines Rechtecks ergeben, das etwa die Breite des Behälters aufweist. Biege die verbleibenden Drahtenden zu einem X, wobei sich die Drähte etwa in Höhe der Mitte des Rades kreuzen.

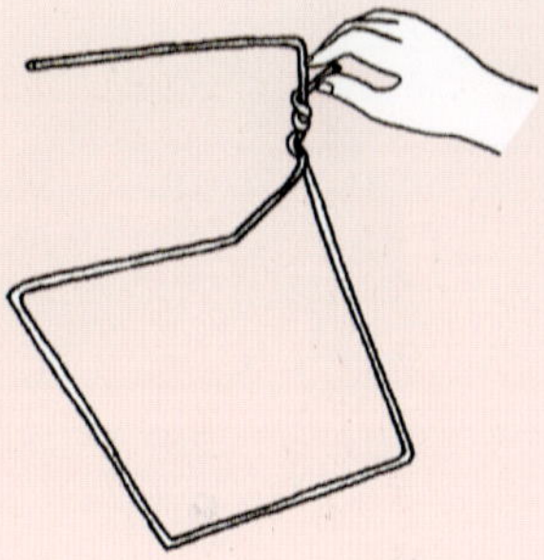

4 Wickele die Drähte an der Kreuzungsstelle umeinander und schneide die überstehenden Enden mit dem Drahtschneider ab. Biege das äußere Drahtende in einem rechten Winkel um. Es wird zur Achse für das Rad.

5 Zeichne zwei Kreise mit einem Durchmesser von ca. 3,8 cm auf die Wellpappe und schneide sie mit der Schere aus. Bohre mit dem Draht ein Loch in die Mitte jedes Kreises.

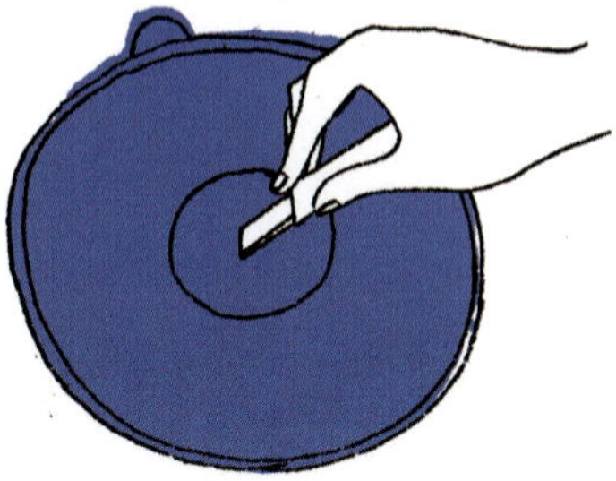

6 Bohre mit einem Teppichmesser ein Loch in die Mitte des Behälterdeckels. Der Draht muss hindurchpassen.

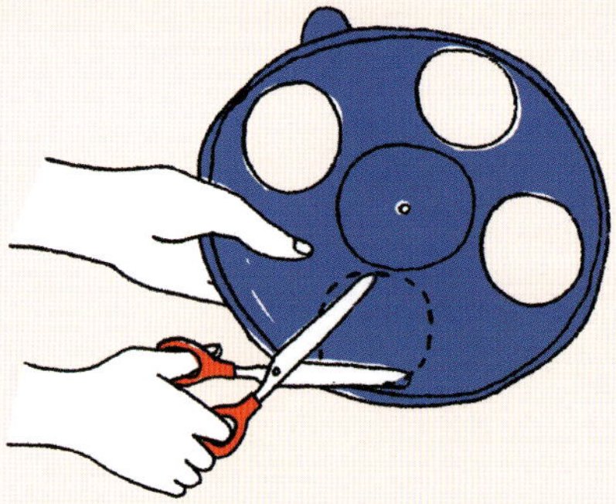

7 Schneide vier Löcher in die Nähe der Außenkante des Deckels, die so groß sind, dass Dein Hamster leicht hindurchpasst. Kinder brauchen bei der Ausführung von Schritt 7 Unterstützung durch einen Erwachsenen.

RADGRÖSSEN

Kleine Hamster, z. B. Zwerghamsterrassen, brauchen ein Rad mit ca. 16,5 cm Durchmesser, während größere Rassen, wie etwa Goldhamster, ein Rad mit 20 cm Durchmesser oder mehr benötigen.

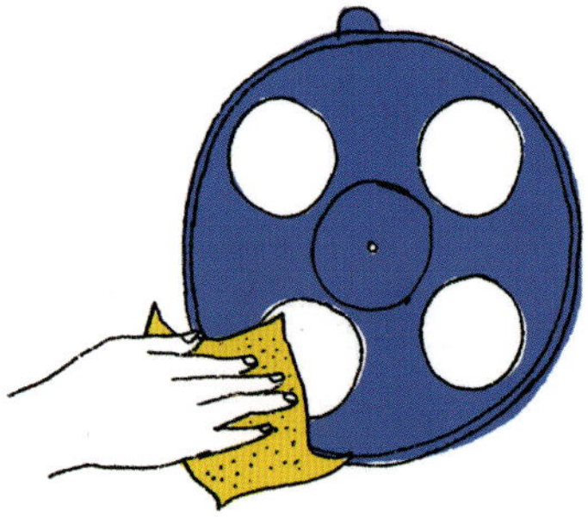

8 Reibe mit Sandpapier die Kanten jeder Öffnung ab, um scharfe Stellen zu entfernen. Setze den Deckel auf den Behälter.

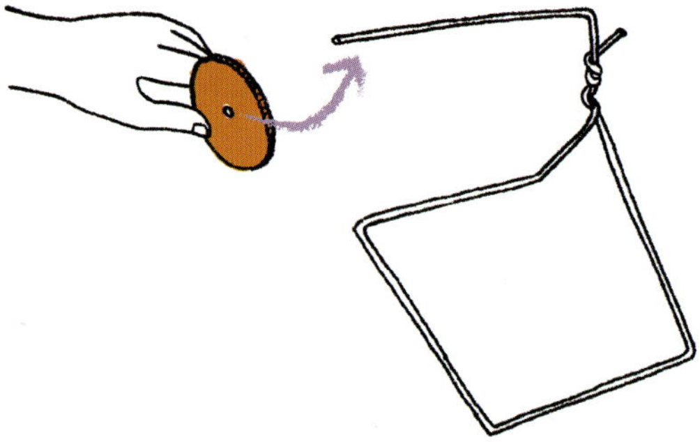

9 Stecke eine der Wellpappescheiben auf die Drahtachse, bevor Du den Behälter und den Deckel darauf schiebst. Drehe daran, um sicherzustellen, dass sich das Rad frei bewegen kann. Falls nicht, entferne die Scheibe wieder von der Achse und mach die Löcher im Behälter und im Deckel etwas größer.

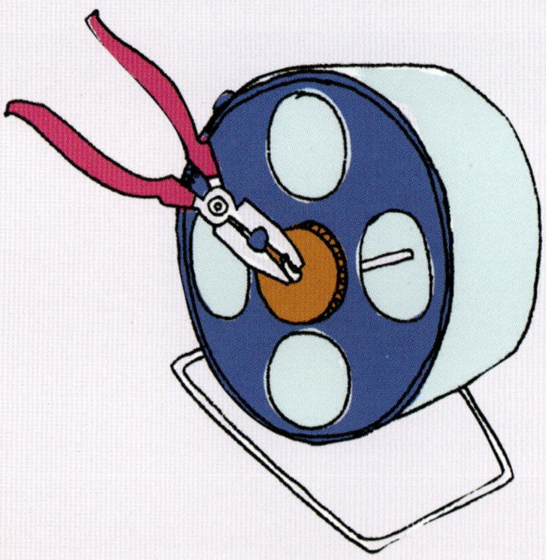

10 Schiebe die andere Wellpappenscheibe auf die Drahtachse und biege dann das Drahtende nach unten, damit nichts herunterrutscht.

DER HINDERNISPARCOURS

Hamster sind intelligente Wesen, und lernen ganz schnell, einen Hindernisparcours zu durchqueren. In unserem Parcours gibt es vier Hindernisse: einen Fenstersprung, eine A-Rahmen-Leiter, einen Stangensprung und eine Wippe. Du kannst Deinem Parcours auch weitere Elemente hinzufügen, z. B. einen einfachen Tunnel aus einer Pappröhre.

WERKZEUG & MATERIAL

* Eisstiele
* Starker, ungiftiger Kleber
* Wellpappe
* Schere
* Lineal
* Große Holzstäbchen
* Holzdübel
* Kleine Bastelsäge
* Stift

OPTIONAL:

* Ungiftige Marker oder Stifte

Fenstersprung

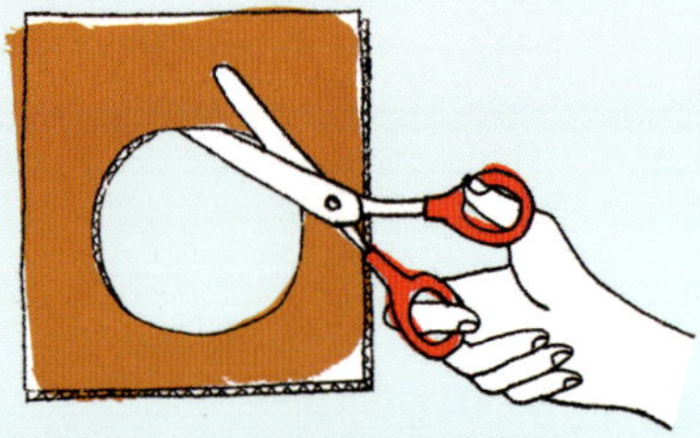

1 Schneide aus Wellpappe ein ca. 9 x 7,5 cm großes Rechteck aus. Etwa 2,5 cm vom unteren Rand schneidest Du ein kreisförmiges Loch, durch das Dein Hamster passt.

2 Schneide zwei kleine Dreiecke aus der Wellpappe aus. Die längste Seite sollte mindestens 7,5 cm lang sein. Diese Dreiecke bilden das Fundament des Sprunggeräts.

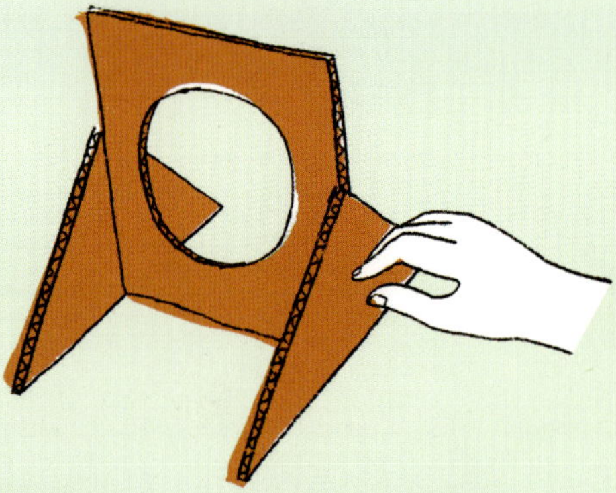

3 Klebe ein Dreieck mit der längsten Seite nach unten auf jede Seite des Fenstersprungs.

A-Rahmen-Leiter

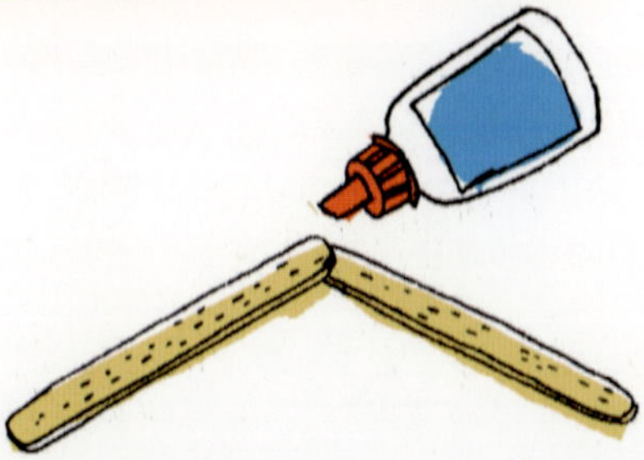

1 Klebe die Enden von zwei Eisstielen in einem Winkel zusammen, um eine Brücke zu bauen. Mach den Winkel so stumpf, dass Dein Hamster auf der einen Seite hoch und auf der anderen Seite wieder herunter laufen kann.

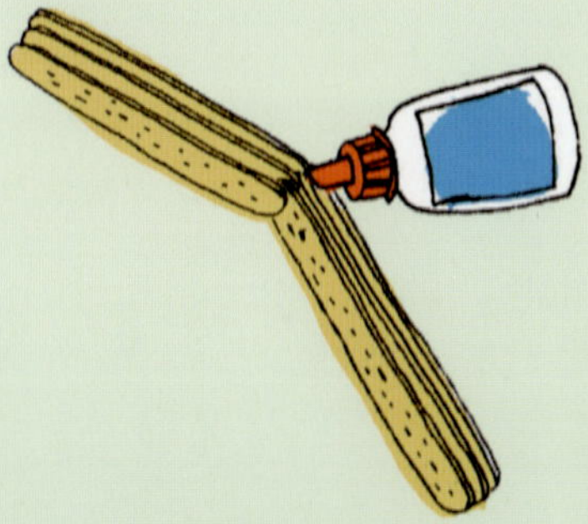

2 Klebe auf jeder Seite abwechselnd vier Stiele zusammen, sodass der Brückenpfeiler breit genug wird, um aus eigener Kraft stehen.

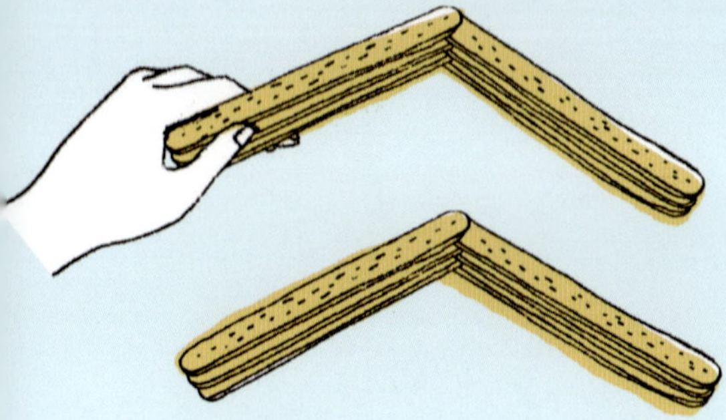

3 Wiederhole die Schritte 1 und 2 und baue einen zweiten Brückenpfeiler für die andere Seite der Leiter.

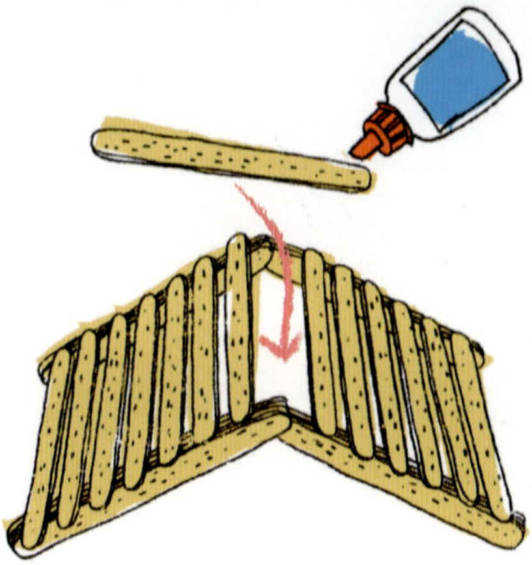

4 Stelle die beiden Brücken im Abstand eines Eisstiels voneinander auf und klebe Eisstiele als Leitersprossen fest. Du brauchst etwa sieben Sprossen auf jeder Seite.

Stangensprung

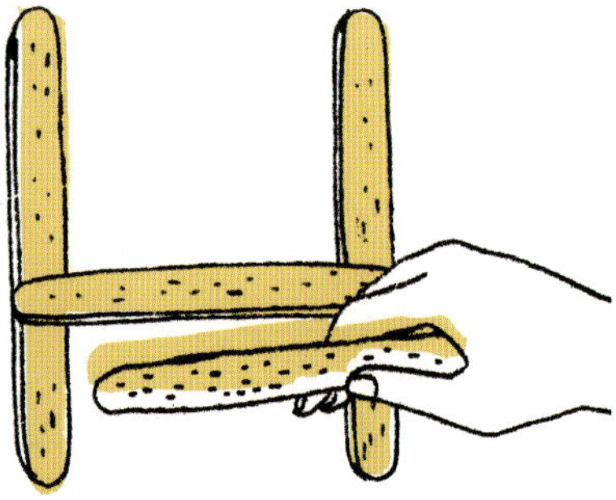

1 Lege drei Eisstiele zu einer H-Form, wobei Du den Querbalken des H auf die beiden vertikalen Stangen legst. Platziere diesen Querbalken in einer Höhe, die Dein Hamster überklettern kann. Klebe den Querbalken fest und bring noch einen weiteren Querbalken darunter an, um das Hindernis stabiler zu machen.

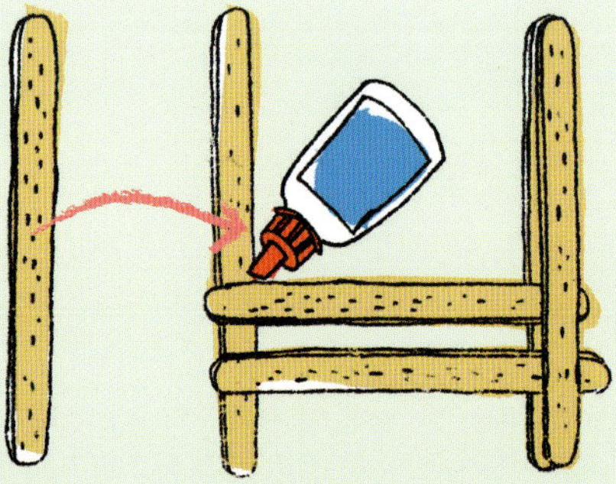

2 Klebe auf jeder Seite einen weiteren senkrechten Stiel über die Querbalken.

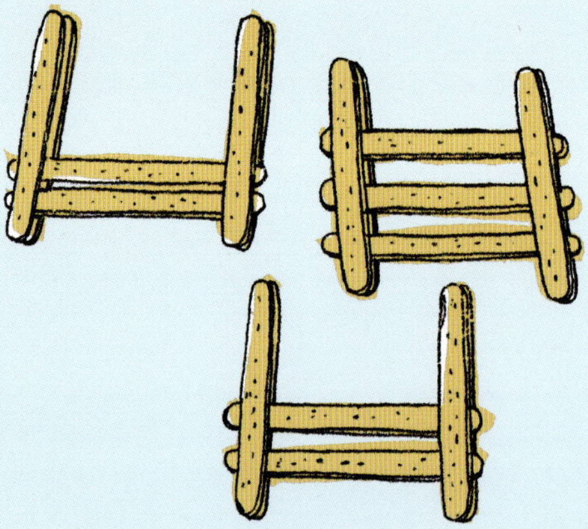

3 Du kannst mehrere Hindernisbalken in unterschiedlichen Höhen für Deinen Hamster basteln.

4 Für das Fundament, auf dem das Hindernis steht, klebst Du zwei Eisstiele waagerecht unter jeden senkrechten Fuß.

DURCHLAUFEN DES PARCOURS

Trainiere Deinen Hamster, den Parcours zu durchlaufen, indem Du ihn mit einem Leckerli lockst. Nach ein paar Testläufen sollte er wissen, wo es langgeht.

Wippe

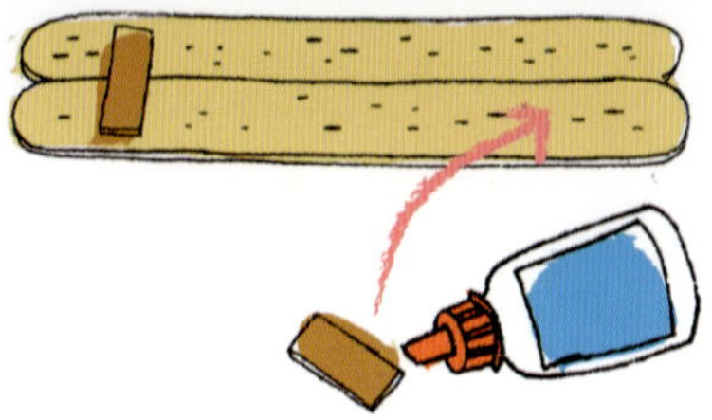

1 Lege zwei große Bastelstäbe nebeneinander. Schneide zwei kurze Stücke von einem Eisstiel ab und klebe sie über die Bastelstäbe, um die Planke der Wippe zu erstellen.

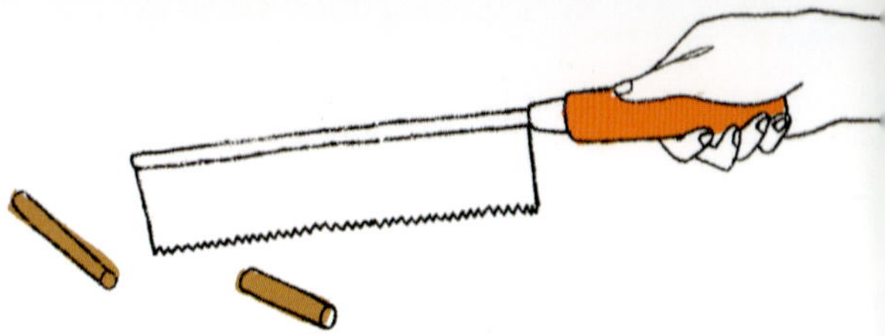

2 Säge mit einer kleinen Bastelsäge ein Teil von einem Holzdübel ab, das etwas breiter als die Holzplanke ist.

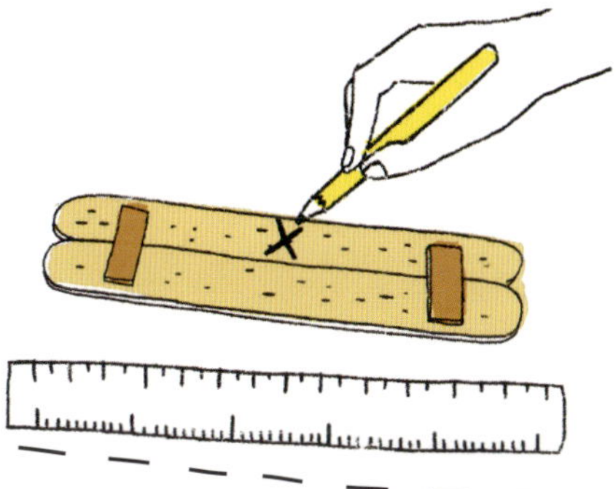

3 Markiere den Mittelpunkt der Längskante der Planke mit einem Stift und klebe den Dübel knapp daneben fest. Damit stellst Du sicher, dass die eine Seite der Planke immer unten ist, sodass Dein Hamster auf die Wippe klettern kann.

KLETTERPROJEKTE

Hamster lieben es, nach oben zu klettern, um sich eine Übersicht über ihre Umgebung zu verschaffen. Kletterspielzeuge bieten ihnen die Möglichkeit, gesunde Turnübungen zu machen und ihre Neugier zu befriedigen. In diesem Abschnitt findest Du zahlreiche Bastelideen, von einer Kletterwand bis hin zu einem magischen Baumhaus.

DIE WIPPRÖHRE

Dein Hamster wird denken, es sei nur ein Tunnel ... und dann stellt sich heraus, dass es eigentlich eine Wippe ist! Eine hübsche kleine Überraschung, die dafür sorgen wird, dass er immer wieder damit spielen will.

WERKZEUG & MATERIAL

* Klopapierrolle
* Lineal
* Wellpappe
* Stift
* Schere
* Bambusspieße
* Starker, ungiftiger Kleber

OPTIONAL:

* Ungiftige Marker oder Farbe

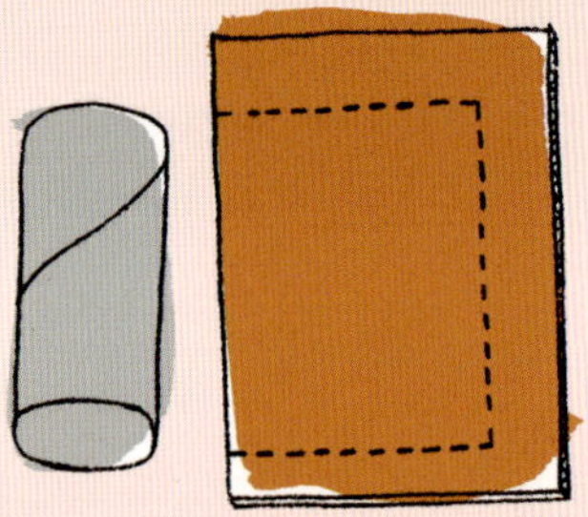

1 Miss Deine Klopapierrolle und zeichne dann ein Rechteck auf die Wellpappe, das dieselbe Länge hat und doppelt so breit ist.

2 Schneide dieses Rechteck mit der Schere aus, zeichne es nach und schneide zwei weitere Rechtecke aus.

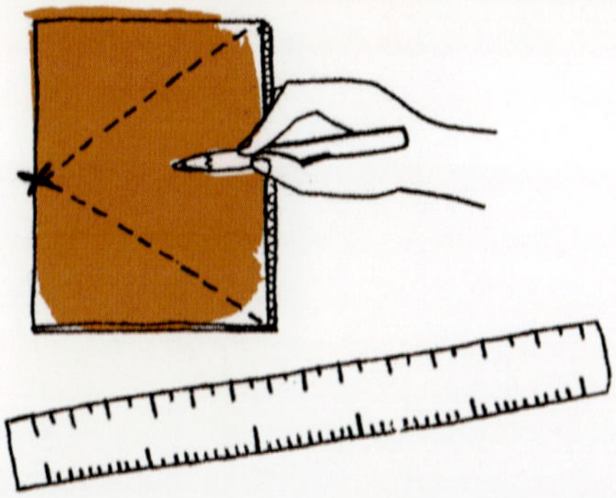

3 Bring bei zwei von den Rechtecken eine Markierung in der Mitte einer der langen Seiten an. Zeichne mit einem Lineal eine Linie von dieser Markierung zu beiden Ecken der gegenüberliegenden Seite, um ein Dreieck zu erhalten. Schneide diese großen Dreiecke aus.

4 Stelle jedes Dreieck auf seine längste Seite und klebe beide auf die langen Seiten des Rechtecks.

5 Bohre mit einem Bambusspieß ein Loch oben in jedes Dreieck. Nimm den Spieß anschließend wieder heraus.

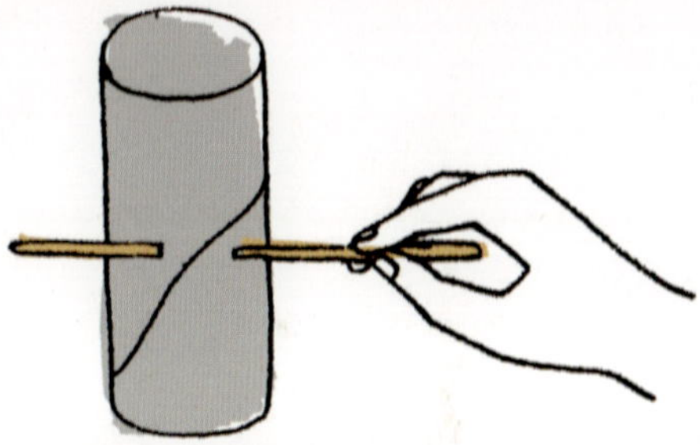

6 Bohre mit dem Spieß in der Nähe der Klopapierrollen-Mitte zwei Löcher nebeneinander. Entferne den Spieß.

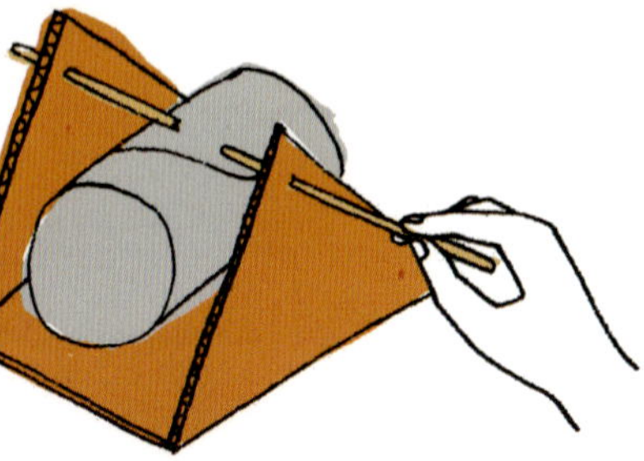

7 Halte die Klopapierröhre zwischen die beiden Dreieckhalterungen, sodass alle vier Löcher nebeneinander ausgerichtet sind. Schiebe einen Bambusspieß durch das Loch in einem Dreieck, die beiden Löcher in der Röhre und das Loch im anderen Dreieck. Schneide zum Schluss die Enden des Spießes mit einer Schere zu.

DIE KLETTERWAND MIT LEITER

Dieses Projekt bietet Deinem Hamster zwei Optionen: Er kann entweder an der Leiter hochklettern oder den schwierigeren Weg über die Kletterwand wählen.

WERKZEUG & MATERIAL

* Große Bastelstäbchen
* Starker, ungiftiger Kleber
* Schere
* Bambusspieße
* Schnur

OPTIONAL:

* Ungiftige Marker oder Farbe

MACH EIN PAAR MEHR!

Du kannst auch zwei oder mehr solche Kletterwände basteln und sie oben verbinden, um einen A-Rahmen zu erzeugen. Das gibt nochmal so viel Spaß für den Hamster!

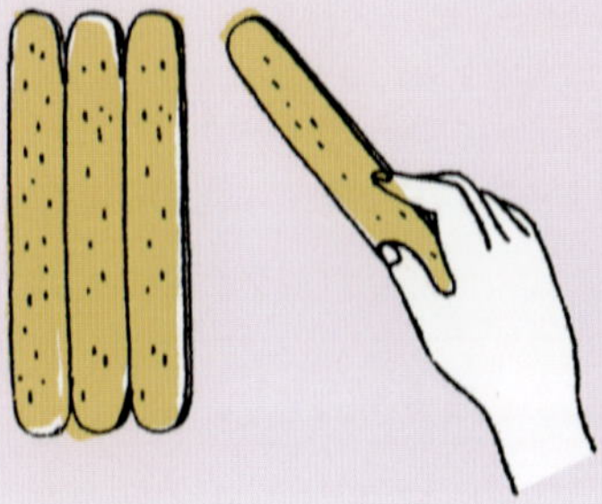

1 Lege vier große Bastelstäbchen nebeneinander.

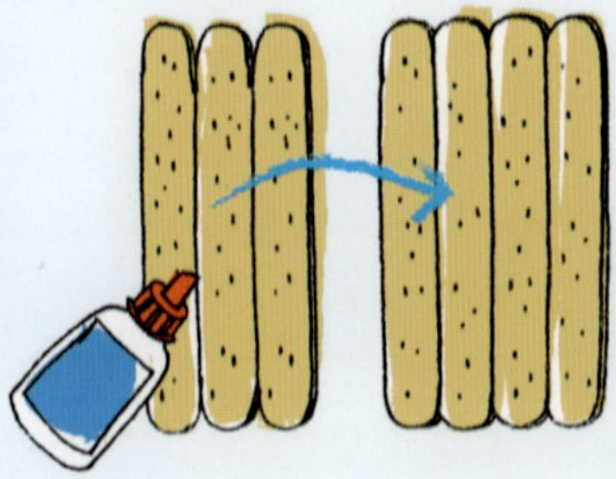

2 Klebe drei Bastelstäbchen versetzt über die ersten vier, um eine stabile Wand zu erzeugen.

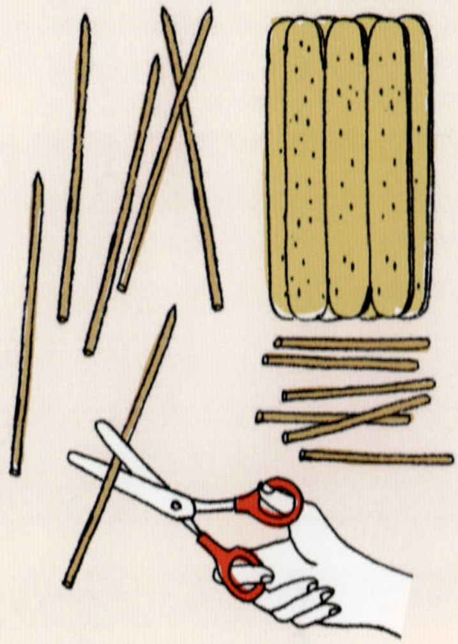

3 Schneide die Bambusspieße mit einer Schere in Stücke, die etwa so breit wie die Wand sind. Du brauchst etwa 16 Stücke.

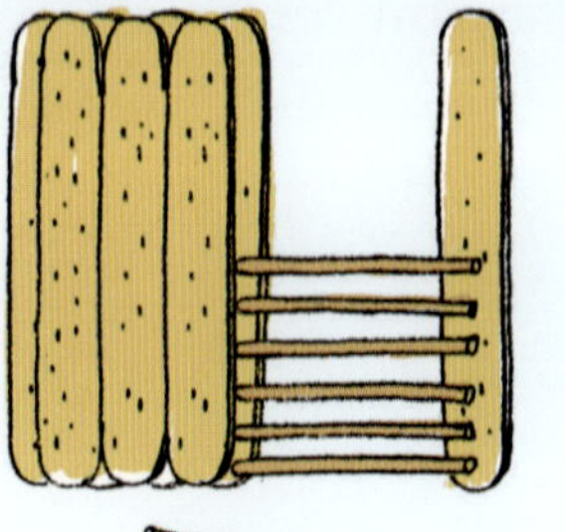

4 Bring ein weiteres Bastelstäbchen für die Außenseite der Leiter an. Klebe die Stücke aus den Bambusspießen als Leitersprossen zwischen die Wand und dieses Außenstäbchen. Wähle den Abstand der Sprossen so, dass die Pfoten Deines Hamster noch dazwischen passen.

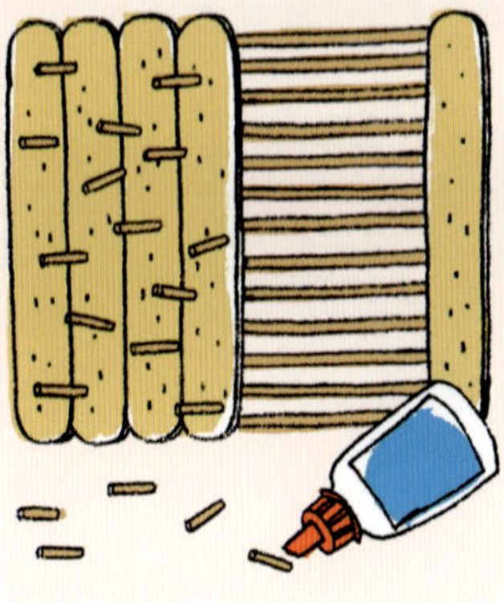

5 Dreh die Kletterwand um, sodass die Vorderseite nach oben zeigt. Schneide etwa 20 kleine Stücke von Bambusspießen ab und klebe sie vorn an die Wand. Sie dienen als Fußrasten für Deinen Hamster, wenn er auf die Wand klettert.

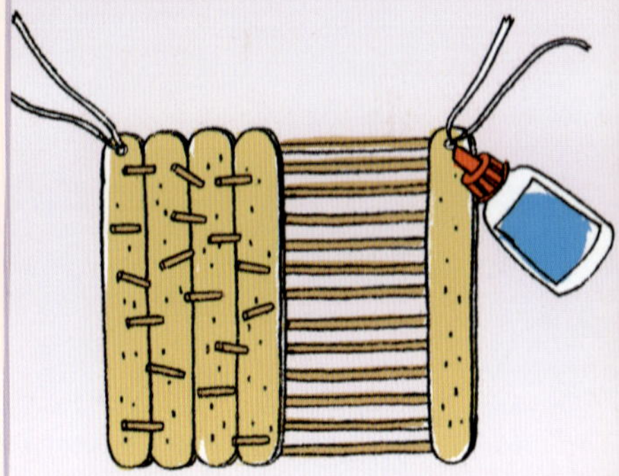

6 Dreh die Wand wieder um. Schneide zwei Stücke Schnur ab, die ein paar Zentimeter lang sind, falte sie in der Mitte und klebe eines an jede Ecke der Wand. Lehne die Kletterwand und die Leiter an den Hamsterkäfig und befestige sie mit der Schnur an den Stangen des Käfigs.

DAS BAUMHAUS

Stell Dir vor, wie sich Dein Hamster über ein Baumhaus freuen würde! Es hat Leitern, auf denen er klettern, verschiedene Ebenen, auf denen er sich umsehen, ein Häuschen, in dem er sich verstecken, und eine Schaukel, auf der er spielen kann. Beaufsichtige Deinen Hamster immer, wenn er mit dem Baumhaus spielt!

WERKZEUG & MATERIAL

* Wellpappe
* Stift
* Schere
* Teppichmesser
* Schneidematte
* Starker, ungiftiger Kleber
* Bambusspieße
* Nähnadel
* Schnur

OPTIONAL:

* Ungiftige Marker oder Farbe und Papier

SEI KREATIV!

Du kannst das Baumhaus beliebig erweitern, z. B. mit weiteren Häusern oder Geländern an den Plattformen. Du kannst sogar den Baumstamm in eine Kletterwand umwandeln (siehe Kletterwand mit Leiter, Seiten 40–41).

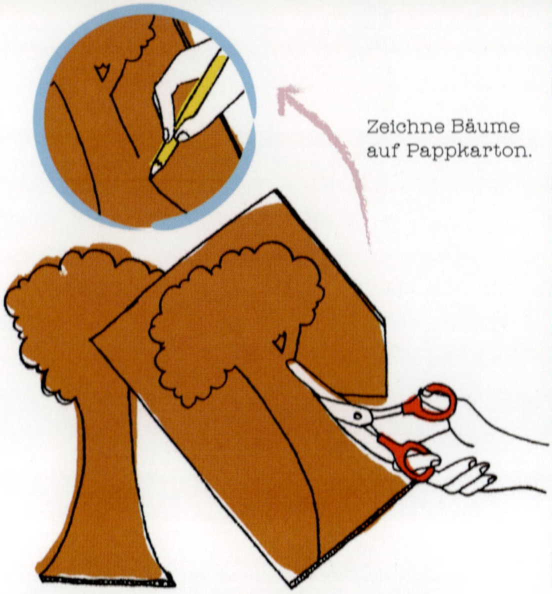

1 Zeichne auf die Wellpappe zwei große breite Bäume derselben Höhe. Achte darauf, dass die Bäume unten besonders breit sind. Schneide sie mit der Schere aus.

2 Schneide mit einem Teppichmesser oder einer Schere in einen Baum einen Schlitz von der Mitte nach oben und dann in den anderen Baum einen von der Mitte nach unten. Die Schlitze sollten jeweils halb so lang sein wie der ganze Baum.

3 Schiebe die beiden Pappbäume mit Hilfe dieser Schlitze zusammen und klebe sie fest.

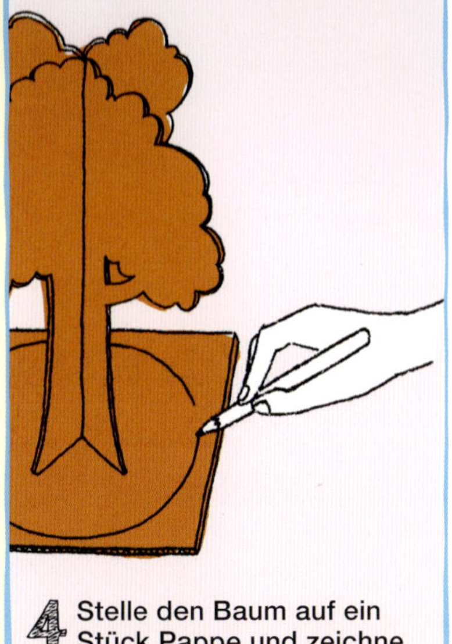

4 Stelle den Baum auf ein Stück Pappe und zeichne einen ringförmigen Sockel, der so breit wie der breiteste Teil des Baums ist.

5 Schneide diesen Sockel aus und klebe den Baum darauf.

6 Wähle oben im Baum eine Stelle, an der Du ein Haus anbringst. Schneide eine kleine rechteckige Plattform für den Boden des Hauses aus.

7 Schneide die Wände und ein Dach aus, die für die Größe des Bodens geeignet sind. Vergiss nicht, eine Tür auszuschneiden! Klebe das Haus zusammen, bring es am Baum an und klebe es fest.

8 Erstelle Plattformen für den Baumstamm, indem Du drei Rechtecke aus der Wellpappe ausschneidest. Schneide in eine Seite jedes Rechtecks einen kleinen Schlitz ein, um es auf den Baum schieben zu können.

9 Bring die Plattformen in unterschiedlichen Höhen am Baumstamm an und fixiere sie mit Kleber.

10 Bastle Leitern für jede Plattformebene. Schneide dazu längere Stücke aus Bambusspießen für die Seitenholme der Leitern zurecht und dann kurze Stücke als Sprossen. Klebe die Sprossen an die Holme.

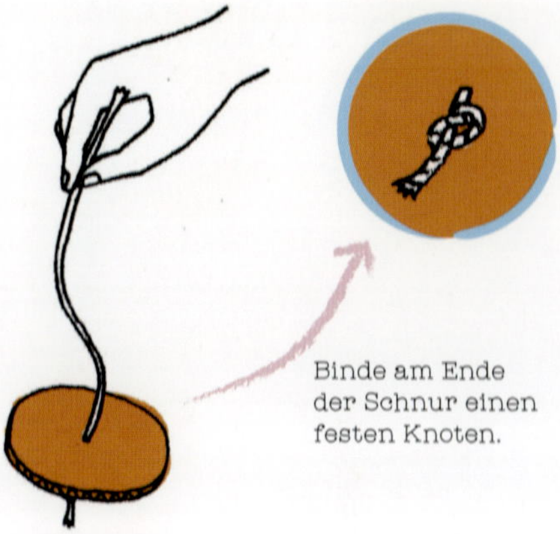

11 Schneide für eine Schaukel eine kleine Scheibe Wellpappe aus und bohre mit einer Nadel ein Loch in die Mitte. Zieh ein Stück Schnur durch das Loch und verknote es am Ende fest. Häng die Schaukel mit Kleber an einer der Plattformen auf.

12 Dekoriere Dein Baumhaus mit Markern, ungiftiger Farbe oder Papier. Du kannst z. B. Blätter, Rinde, Obst, Vögel oder Tiere als Deko-Motive wählen oder den Namen Deines Hamsters auf das Haus schreiben.

PLATTFORM UND RAMPE

Eine der Lieblingsbeschäftigungen des Hamsters ist Klettern. Wenn Dein pelziger Freund die Plattform erklommen hat, kann er sich anlehnen und die Umgebung beobachten. Spielebenen unterschiedlicher Höhen sind eine wichtige Bereicherung für den Hamster und bieten ihm verschiedene Orte, an denen er sich aufhalten kann.

WERKZEUG & MATERIAL

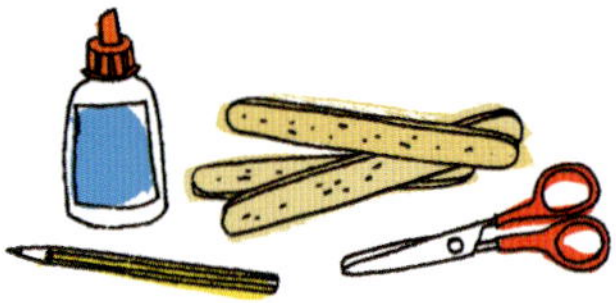

* Eisstiele oder große Bastelstäbchen
* Starker, ungiftiger Kleber
* Stift
* Schere

1 Bestimme die Größe der Plattform, indem Du ein Rechteck aus Eisstielen legst (wir haben hier sechs Stiele verwendet). Klebe die Stiele zu einem Rahmen zusammen.

2 Klebe weitere Eisstiele nebeneinander auf den Rahmen, sodass ein stabiler Boden entsteht.

3 Überprüfe, ob sich die Plattform robust anfühlt. Wenn Du meinst, sie müsse noch stabiler werden, dreh die Plattform um und klebe Quersprossen aus Eisstielen an, um für zusätzlichen Halt zu sorgen.

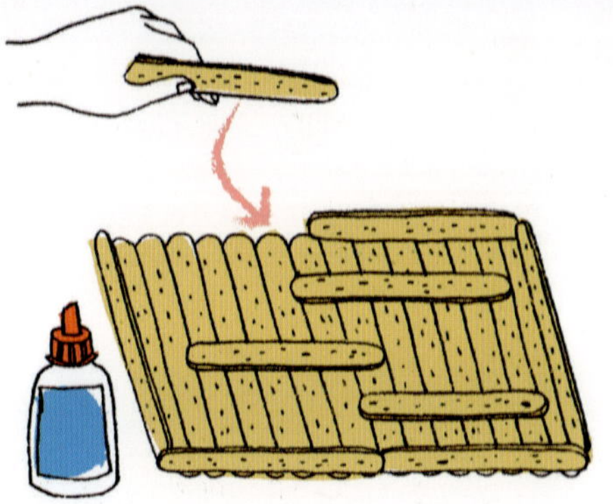

4 Klebe an der Unterseite der Plattform Eisstiele auf der Kante um den gesamten Rahmen herum.

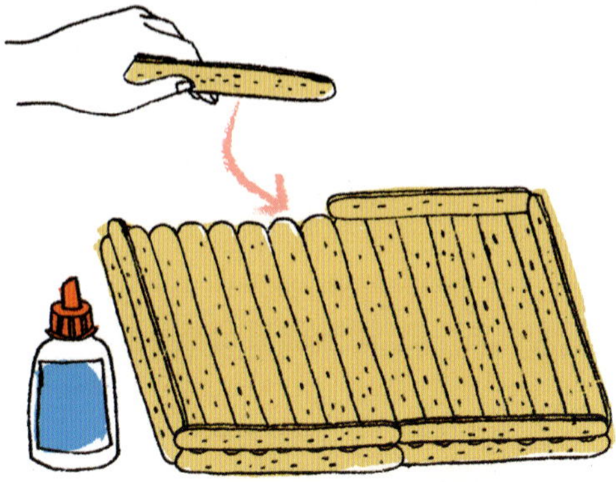

5 Wiederhole Schritt 4 oben auf der Plattform. Auf diese Weise entsteht ein Rand, der verhindert, dass der Hamster oder Spielzeuge herunterfallen.

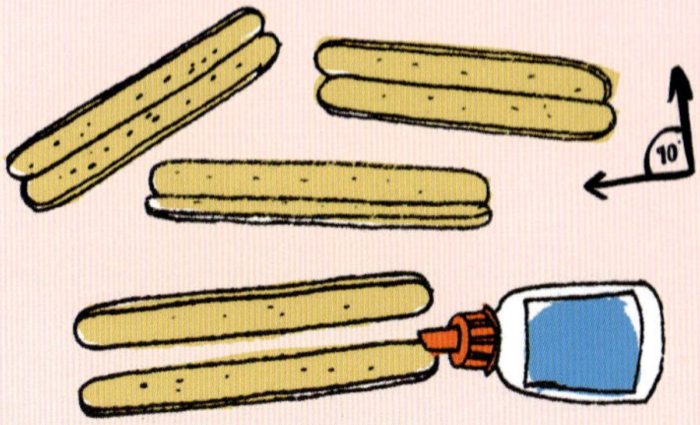

6 Bastle Füße für die Plattform. Dazu verwendest du vier Paar Eisstiele. Klebe die langen Seiten jedes Paars im rechten Winkel zusammen.

7 Dreh die Plattform um und klebe die Füße in den Ecken des Rahmens fest.

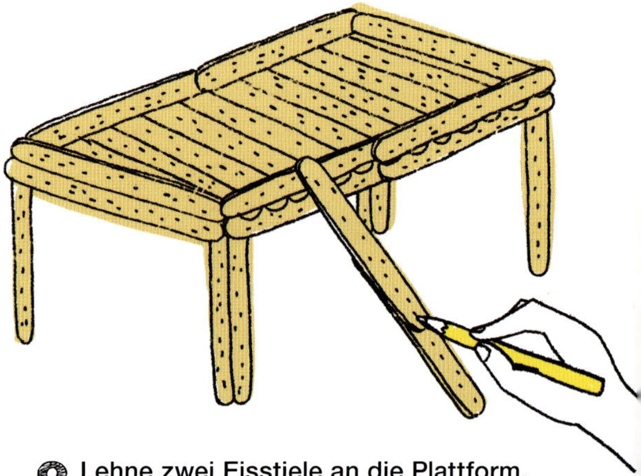

8 Lehne zwei Eisstiele an die Plattform, um festzustellen, wie lang die Rampe sein muss. Markiere die Überlappung der Stiele mit einem Stift und klebe sie an diesen Punkten zusammen. Wiederhole dies für den zweiten Holm der Rampe.

ANPASSUNG DER PLATTFORM

Du kannst Deine Plattform beliebig ergänzen, z. B. mit einem Zaun oder einem Versteck. Du könntest auch Plattformen unterschiedlicher Höhen basteln und sie über Rampen verbinden, um einen Spielplatz mit mehreren Ebenen für den Hamster zu schaffen.

9 Schneide mehrere Eisstiele in der Mitte durch. Du brauchst so viele, dass Du die gesamte Länge der Rampe abdecken kannst. Klebe sie entlang beider Rampenholme fest.

10 Klebe mit weiteren Eisstielstücken Sprossen vorn an die Rampe, damit der Hamster besser klettern kann.

UMZÄUNUNG

Bring eine Umzäunung an der Plattform an, um noch mehr Sicherheit zu schaffen. Das ist ganz einfach mit Eisstielen möglich, die an die Kante der Plattform geklebt werden.

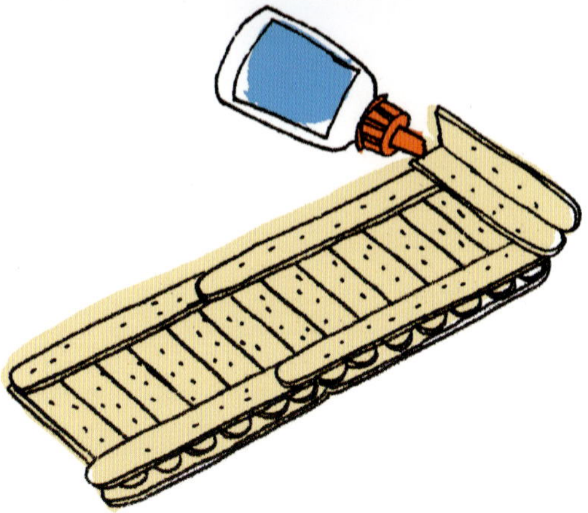

11 Klebe ein Paar zugeschnittener Stiele im rechten Winkel zusammen und bring sie an der oberen Kante an der Rückseite der Rampe an, sodass ein Winkel entsteht, der über dem Rand der Plattform eingehakt werden kann.

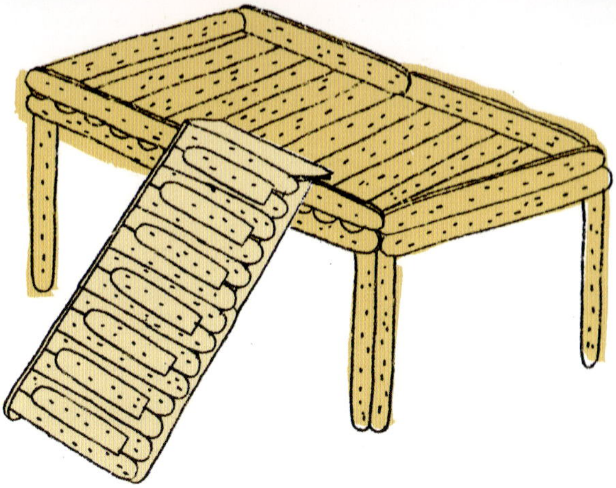

12 Befestige die Rampe an der Plattform, indem Du sie am Rand einhakst.

DIE SCHAUKEL

Mit dieser einfachen und hübschen Schaukel sorgst Du dafür, dass sich Dein Hamster im Käfig wie auf dem Spielplatz fühlt.

NAGEPROBLEME

Wenn Dein Hamster die Schnur durchnagt, kannst Du diese auch durch Draht ersetzen.

WERKZEUG & MATERIAL

* Eisstiele
* Starker, ungiftiger Kleber
* Schere
* Schnur

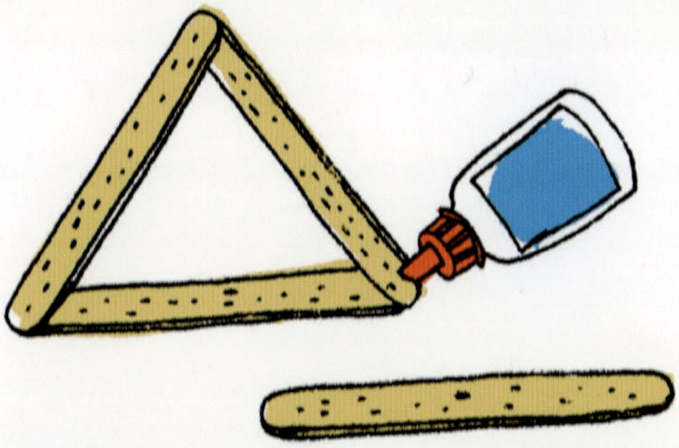

1 Fang mit der Halterung der Schaukel an: Klebe drei Eisstiele zu einem Dreieck zusammen und klebe dann einen weiteren Stiel unten an das Dreieck. Wiederhole diesen Vorgang, um zwei Dreiecke zu erhalten.

2 Schneide die abgerundeten Ecken mit einer Schere an der Oberseite der Dreiecke ab, um sie flach zu machen.

3 Klebe vier Eisstiele zusammen, um eine quadratische Basis zu erhalten. Klebe die zwei Dreiecke mit der doppelten Seite nach unten auf gegenüberliegende Seiten der quadratischen Basis.

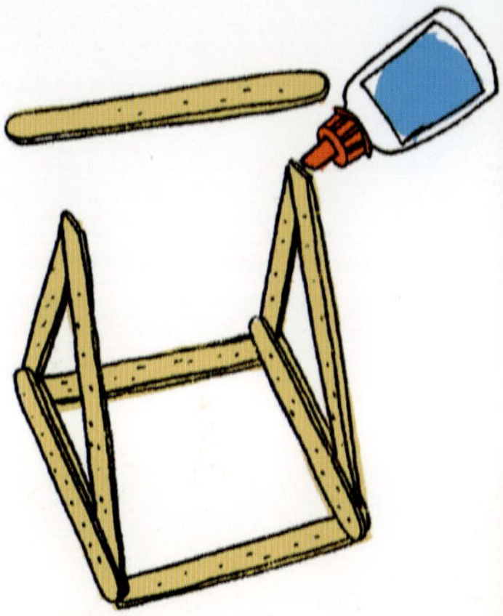

4 Bring einen Eisstiel an der Oberseite der Schaukel als Halterung an und klebe ihn fest.

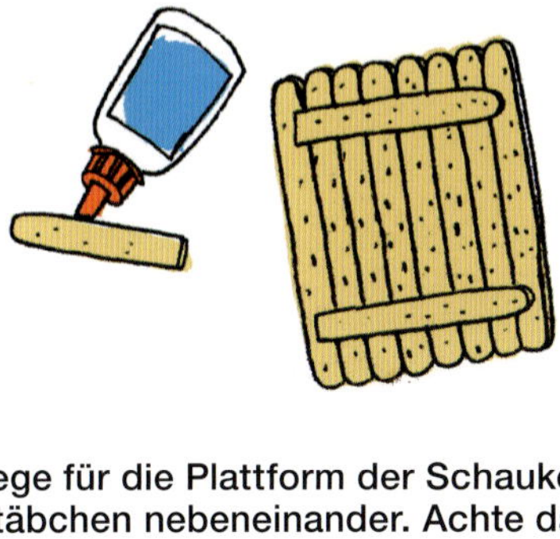

5 Lege für die Plattform der Schaukel acht Stäbchen nebeneinander. Achte darauf, dass die Plattform schmal genug ist, um leicht in den Schaukelrahmen zu passen. Schneide aus Eisstielen drei Teile für die Querverbindungen zu und klebe sie unten an die Plattform.

6 Lege jeweils ein Stück Schnur um beide Seiten der Plattform und binde sie über der oberen Stange der Schaukel zusammen, um die Plattform aufzuhängen.

DIE KRUMME BRÜCKE

Diese Brücke hilft Deinem Hamster, von einem Ort zum anderen zu gelangen, als zusätzliche Herausforderung muss er dabei jedoch Steigungen und Biegungen überwinden. Um das Ganze natürlicher aussehen zu lassen, kannst Du dafür statt Holzdübeln auch Zweige verwenden.

MEHRZWECK-SPIELZEUG

Du kannst die gebogene Brücke als Rampe, als Brücke zwischen zwei Plattformen oder ganz einfach als Spielzeug verwenden.

WERKZEUG & MATERIAL

* Holzdübel (Du kannst auch Zweige nehmen, aber achte darauf, dass Du hamstersicheres Holz verwendest, und desinfiziere sie, wie auf Seite 11 beschrieben)
* Kleine Bastelsäge
* Sandpapier
* Stift
* Bohrer
* Draht
* Drahtschneider
* Zange

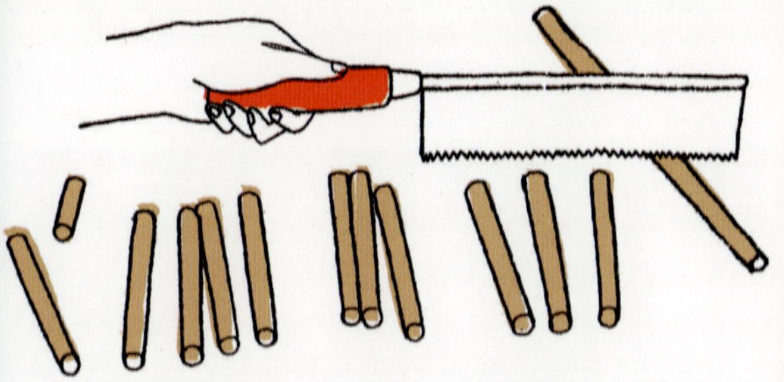

1 Entscheide, wie breit Deine Brücke sein soll, und schneide mit einer Säge mehrere Dübel oder Äste auf diese Breite zu. Die Anzahl der Dübel kann je nach Länge der Brücke variieren. Bei diesem Projekt brauchen Kinder Hilfe von einem Erwachsenen.

2 Glätte alle rauen Kanten an den Dübeln mit Sandpapier und lege sie dann nebeneinander. Markiere mit einem Stift ca. 1 cm vom Rand entfernt, wo die Löcher hinkommen, durch die der Draht geschoben wird.

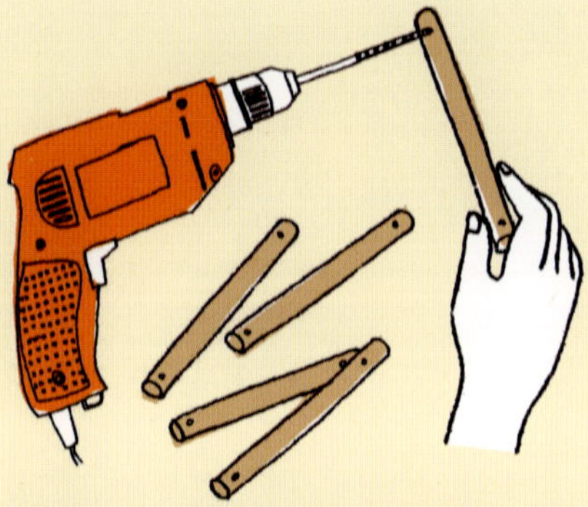

3 Bring mit einem Bohrer vorsichtig die Löcher an den markierten Stellen in den Dübeln an.

4 Schneide zwei Drahtstücke zurecht, die etwas länger als die Brücke sind. Biege sie an einem Ende hoch, um zu verhindern, dass die Dübel herunterrutschen.

5 Stecke die Dübel auf die beiden Drahtstücke. Nachdem Du alle Dübel angebracht hast, schneide die Drahtenden so ab, dass ca. 1 cm Draht übersteht. Biege diese Enden um und achte darauf, scharfe Kanten zu entfernen.

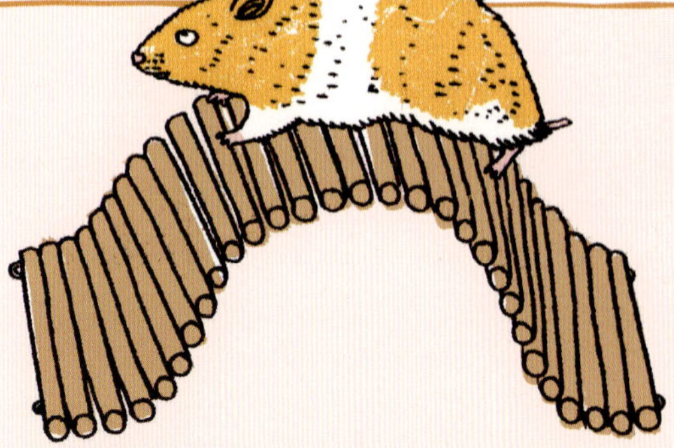

6 Dank des Drahts kannst du die Brücke nun in eine Form biegen. Wähle eine aus, auf der Dein Hamster möglichst viel Spaß hat!

BUDDELPROJEKTE

Hamster graben wahnsinnig gern, weil sie es in ihrer natürlichen Umgebung gewohnt sind, nach Nahrung zu suchen oder kleine Tunnel zu buddeln. In diesem Abschnitt findest Du Projekte wie ein Sandbad oder eine Minilandschaft mit Buddelgrube, die Deinen Hamster beschäftigen und fit halten.

DAS SANDBAD

Viele Hamster lieben es, in diesem Sandbad zu graben und sich darin zu wälzen. Der Sand hilft ihnen, ihr Fell sauber und schön zu halten.

WERKZEUG & MATERIAL

* Milchkarton (klein)
* Große Bastelstäbchen
* Eisstiele
* Sicherer, ungiftiger Kleber
* Schere
* Sand (am besten Chinchilla-Badesand)

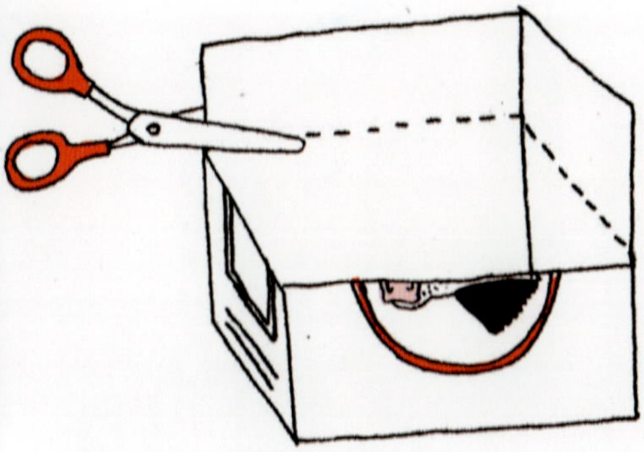

1 Schneide mit der Schere den unteren Teil des Milchkartons so ab, dass eine Schachtel mit einer Höhe von ca. 7,5 cm entsteht.

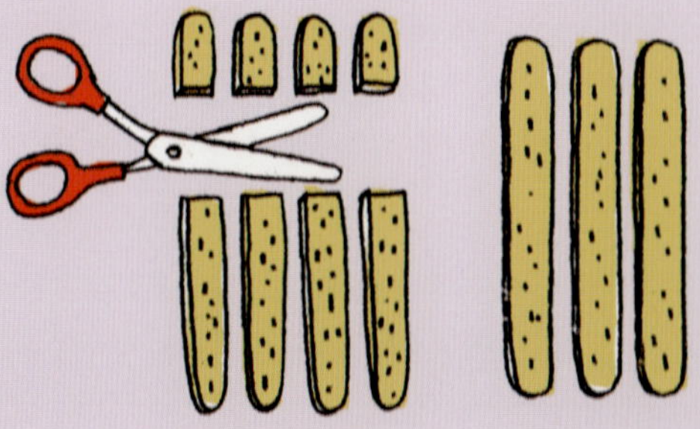

2 Schneide mit einer Schere vorsichtig das eine Ende mehrerer Bastelstäbchen oder Eisstiele ab, um eine flache Kante zu erhalten. Du brauchst so viele, dass Du sie nebeneinander an drei Seiten Deiner Milchkartonschachtel kleben kannst. Wir haben 17 Bastelstäbchen benötigt.

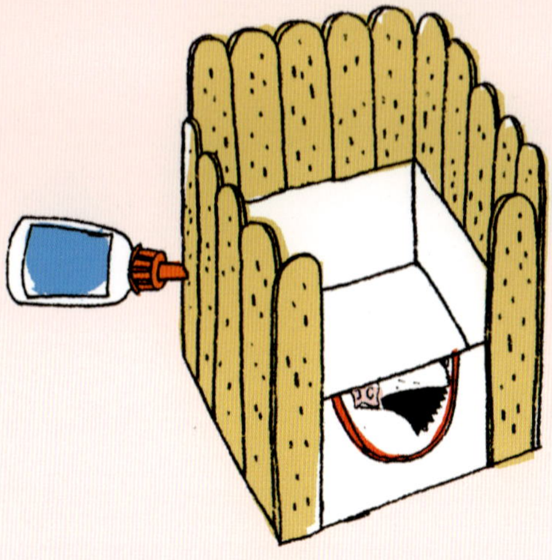

3 Klebe die Stäbchen nebeneinander so um drei Seiten der Schachtel, dass die abgerundete Seite nach oben zeigt. Bring jeweils ein Stäbchen an beiden Rändern der vierten Seite an.

4 Schneide sorgfältig drei Bastelstäbchen in der Höhe der Schachtel zu. Klebe sie, ebenfalls mit den abgerundeten Enden nach oben, in die Lücke an der vierten Seite.

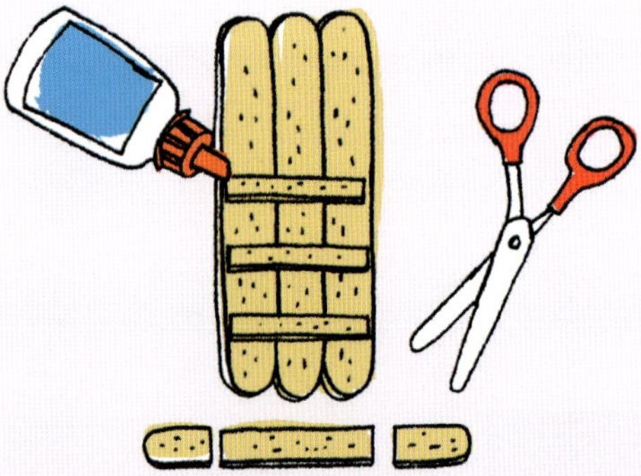

5 Bastle eine Rampe. Dazu legst Du drei Bastelstäbchen nebeneinander. Schneide Eisstiele auf die Breite der Rampe zu und klebe sie mit etwas Abstand zueinander darauf.

6 Bring die Rampe an der niedrigen Seite des Bads an, sodass Dein Hamster einfach hochklettern kann. Jetzt schüttest Du ein paar Zentimeter Sand in die Schachtel.

GRABEN NACH LECKERLIS

Versteckе ein paar Leckerlis im Sand, um Deinen Hamster zum Buddeln zu motivieren.

MINIATURLANDSCHAFT MIT BUDDELHÖHLE

Mit diesem lustigen Projekt entsteht die Kulisse für ein echtes Hamsterabenteuer. Du erschaffst eine winzige Landschaft, mit einer Buddelhöhle, in der der Hamster graben, und einem Tunnel, durch den er laufen kann.

WERKZEUG & MATERIAL

* Wellpappe
* Ein paar kleine Kartonschachteln (achte darauf, dass der Aufdruck auf Soja basiert oder pflanzlich ist)
* Klopapierröhren
* Zeitungen (achte darauf, dass der Aufdruck auf Soja basiert oder pflanzlich ist)
* Weißes Kopierpapier
* Sand (am besten Chinchilla-Badesand)
* Pappmaschee-Paste (Anweisungen dazu findest Du auf Seite 11)
* Schere
* Lineal
* Ungiftiger Kleber

OPTIONAL:

* Ungiftige Farbe
* Pinsel

1 Fang mit dem Fundament an. Schneide die Wellpappe mit Hilfe eines Lineals und einer Schere auf die gewünschte Größe für Deine Landschaft. (Unser Fundament ist 43 x 30 cm groß.)

2 Für die Seiten der Sandgrube schneidest Du eine der kleinen Kartonschachteln auf eine Höhe von ca. 6,5 cm.

3 Ordne die Schachteln und die Klopapierröhren auf deinem Wellpappe-Fundament an, um die Formen für die Hügel und Tunnel Deiner Landschaft festzulegen. Klebe die einzelnen Komponenten mit ungiftigem Kleber auf die Wellpappe.

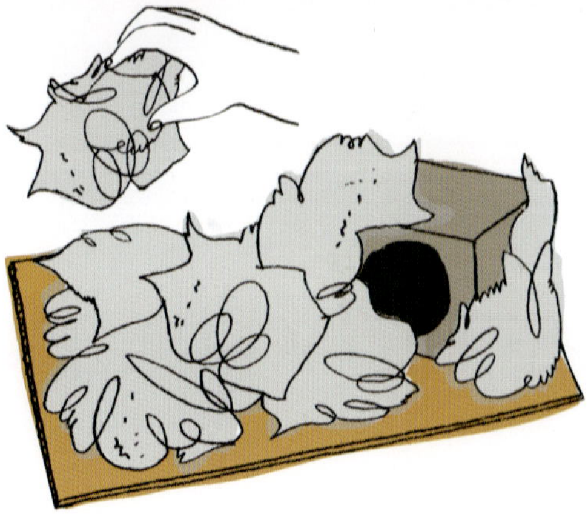

4 Fülle mit zusammengeknülltem Zeitungspapier den leeren Raum auf dem Fundament. Mit Papierbällen kannst Du Deine Landschaft auch hügeliger machen.

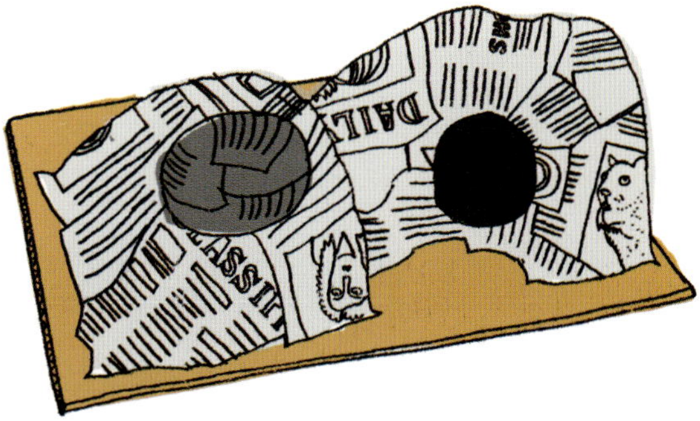

5 Überdecke alle auf diese Weise geschaffenen Formen mit weiterem Zeitungspapier, sodass alles an Ort und Stelle bleibt. Du kannst die Komponenten mit Klebeband befestigen, aber wenn Dein Hamster viel nagt, solltest Du das Klebeband entfernen, wenn Du das Pappmaschee aufträgst.

6 Bereite Deine Pappmaschee-Paste zu (siehe Seite 11). Während Du darauf wartest, dass die Paste abkühlt, reiße weitere Zeitungsseiten in Streifen.

7 Tauche Zeitungsstreifen in die Paste und bring eine Schicht auf Deiner gesamten Landschaft an.

8 Bring drei Schichten Zeitung auf der Landschaft an. Lass die Schichten trocknen, bevor Du die jeweils nächste anbringst.

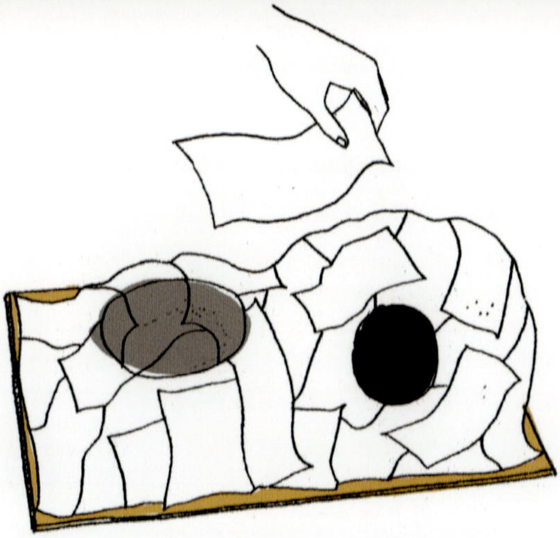

9 Reiße das weiße Kopierpapier in Streifen und trage unter Verwendung der Pappmaschee-Paste eine letzte Schicht auf der Landschaft auf.

10 Nachdem diese letzte Schicht getrocknet ist, kannst Du Deine Landschaft mit ungiftigen Farben anmalen.

11 Zum Schluss füllst du die Buddelhöhle mit Sand.

ZUSÄTZLICHE FORMEN

Versuche Deine Landschaft zu erweitern oder abzuändern, indem Du mehrere rechteckige Abschnitte herstellst und sie unterschiedlich zusammensetzt.

DER BUDDELTURM

Dein Hamster kann in diesem Turm wirklich nach Herzenslust herumgraben. Beaufsichtige ihn aber aus Sicherheitsgründen immer, wenn er mit diesem Spielzeug spielt.

WERKZEUG & MATERIAL

* Wellpappe
* Durchsichtige Lebensmittelverpackung (eine große Salatbox ist perfekt geeignet)
* Große Bastelstäbchen
* Eisstiele
* Stift
* Lineal
* Schere
* Klebefilm
* Starker, ungiftiger Kleber

1 Für die Wände des Turms schneidest Du vier Rechtecke in einer Größe von ca. 25 x 18 cm aus der Wellpappe aus. Du kannst die Größe an die Größe Deines Hamsters anpassen.

Kleingerissenes Klopapier bietet eine weiche Unterlage zum Spielen.

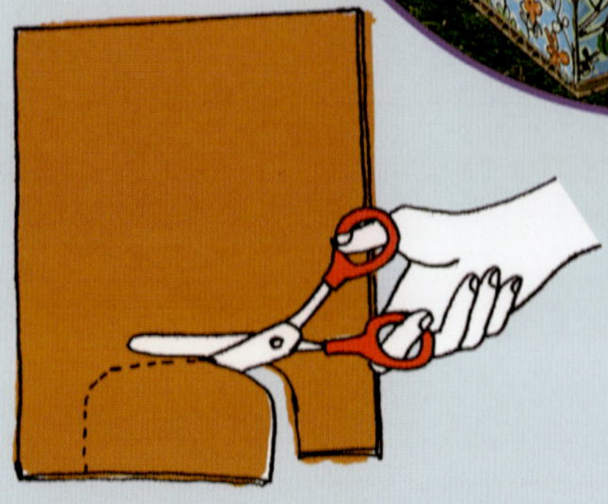

2 Schneide in eine Wand eine längliche Öffnung für eine Tür. Achte darauf, dass sie nicht zu groß ist, Dein Hamster aber noch durchpasst.

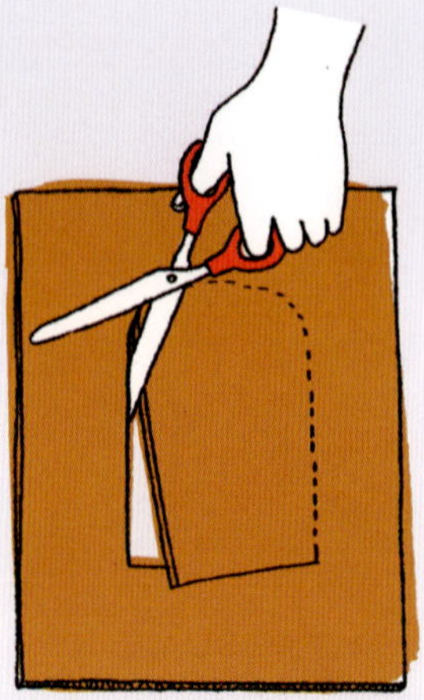

3 In zwei der drei anderen Wände schneidest Du rechteckige Öffnungen mit einer abgerundeten Kante als Fenster.

4 Schneide aus der durchsichtigen Lebensmittelbox zwei Stücke aus, die wie die Fenster geformt, aber etwas größer sind, um die Fenster damit zu überdecken. Klebe sie fest und reibe alle rauen Kanten mit Sandpapier ab oder überklebe sie.

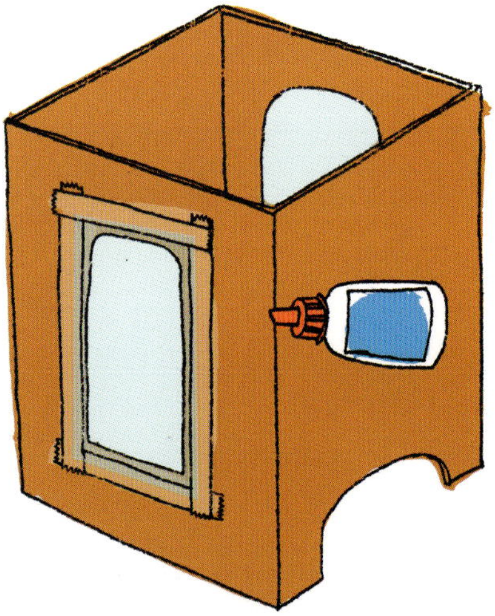

5 Klebe die vier Wände mit Kleber oder Klebefilm zusammen, wobei die Fenster an gegenüberliegenden Seiten liegen. Achte darauf, dass sich das Klebeband außen an der Schachtel befindet – Dein Hamster soll nicht daran nagen.

6 Schneide ein Stück Wellpappe für den Boden des Turms aus, das an der Vorderseite mit der Tür etwas vorsteht. Klebe die Wände mit ungiftigem Kleber auf den Boden.

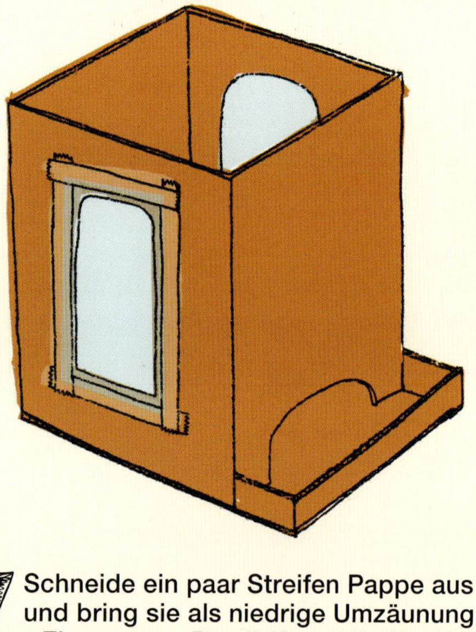

7 Schneide ein paar Streifen Pappe aus und bring sie als niedrige Umzäunung vor dem Eingang an. Damit fängst Du Buddelmaterial auf, das möglicherweise durch die Tür herausfällt.

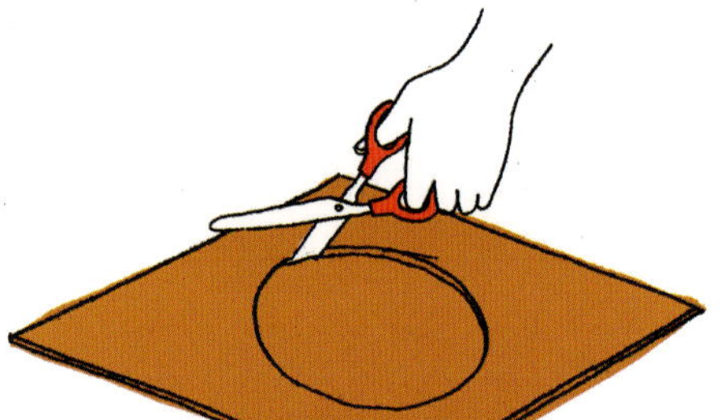

8 Schneide aus der Pappe einen Deckel aus, der etwas größer als die obere Turmöffnung ist. Aus der Mitte dieses Teils schneidest Du ein Loch aus, durch das Dein Hamster leicht durchklettern kann.

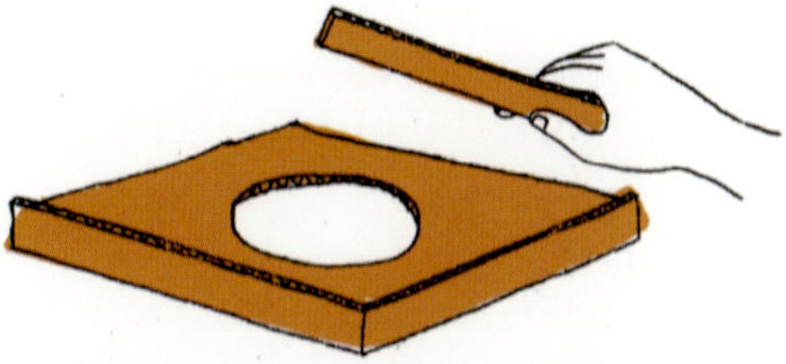

9 Schneide vier schmale rechteckige Streifen Pappkarton aus, die Du als Rand am Deckel anbringst. Klebe sie fest.

10 Bastle eine Leiter, sodass Dein Hamster oben auf den Turm klettern kann. Klebe große Bastelstäbchen zusammen, die die Holme der Leiter bilden. Wir haben an jeder Seite drei Stäbchen verwendet. Du kannst die Leiter länger oder kürzer machen, je nachdem, wie hoch Dein Turm ist. Schneide für die Sprossen der Leiter Eisstiele in kleine Stücke und klebe sie zwischen den großen Bastelstäbchen fest.

MOTIVIERENDE LECKERLIS

Zeig Deinem Hamster, wie er sein neues Spielzeug benutzen kann. Versteck ein paar Leckerlis in dem Nistmaterial und setz dann Deinen Hamster oben auf den Turm, sodass er graben kann, um sie zu finden.

11 Fülle den Turm mit kleingerissenem Klopapier oder Nistmaterial.

NAGEPROJEKTE

Die Zähne von Hamstern benötigen spezielle Pflege und Aufmerksamkeit, weil sie über ihr gesamtes Leben wachsen. Wenn Du Deinem Hamster nichts zum Nagen gibst, werden seine Zähne beschädigt oder er kann sich damit verletzen. In diesem Abschnitt findest du Vorschläge für verschiedene Nagespielzeuge, die wichtig für die Gesundheit Deines Haustiers sind.

NAGESPIELZEUG AUS WALNUSSSCHALEN

Aus leeren Walnussschalen kannst du ein Spielzeug basteln, das Deinem Hamster ausreichend Gelegenheit gibt, seine Zähne in Form zu halten.

WERKZEUG & MATERIAL

* Walnüsse mit Schale (Du brauchst mindestens 5 oder 6)
* Schnur (ca. 60 cm lang)
* Metallunterlegscheibe
* Hammer
* Nagel

EINFACHE OPTION

Eine ganze Walnuss in der Schale kann Deinen Hamster stundenlang beschäftigen, weil er sie herumrollt und versucht, sie zu öffnen.

1 Suche mit dem Nagel den schwächsten Punkt in der Verbindung der Walnussschale – normalerweise ist dies die Spitze der Walnuss. Steck den Nagel hinein und heble die Nuss auf, bis sie in der Mitte auseinanderbricht. Öffne alle Schalen auf diese Weise.

2 Entferne die Walnüsse aus der Schale. Du kannst sie essen oder Deinem Hamster als Leckerli geben!

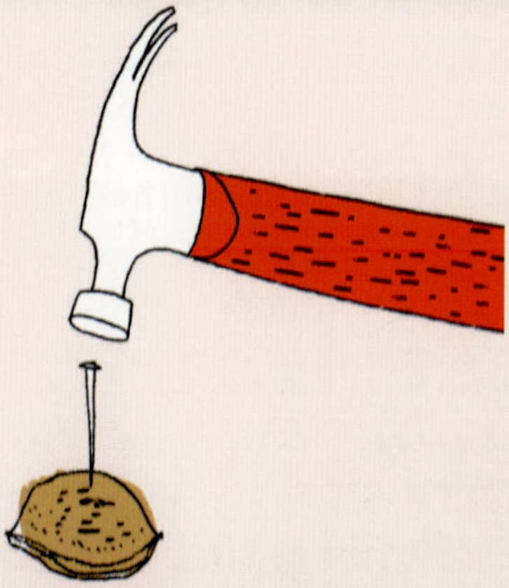

3 Bring mit Hammer und Nagel vorsichtig ein kleines Loch in der Mitte jeder Walnussschale an (oder verwende einen Bohrer). Lege die Walnussschale dazu mit der offenen Seite nach unten.

Fädle die erste Walnussschale so auf die Schnur, dass sie die Unterlegscheibe abdeckt.

4 Befestige ein Ende der Schnur sicher an der Metallunterlegscheibe. Fädle eine Walnussschale mit der offenen Seite nach unten auf die Schnur, sodass die Schale die Unterlegscheibe überdeckt.

5 Fädle weitere Schalen mit der offenen Seite nach oben auf die Schnur, sodass jede Schale ein Schüsselchen bildet. Fädle so viele Schalen auf, wie Du möchtest.

6 Wenn Du die gewünschte Länge erzielt hast, binde das Ende der Schnur oben am Hamsterkäfig fest. Lege ein paar Leckerlis in die Schalen, um Deinen Hamster zum Nagen zu animieren.

LECKERLI-RÖHREN

Hier findest Du drei verschiedene Ideen für Leckerli-Röhren, die Du aus Klopapierrollen basteln kannst. Versuche, sie alle herzustellen, und finde dann heraus, welche Deinem Hamster am besten gefällt.

WERKZEUG & MATERIAL

* Klopapierrollen (für alle 3 Versionen brauchst Du 6 Stück)
* 1 Blatt weißes Kopierpapier oder farbiges Papier mit auf Soja basierender oder pflanzlicher Färbung
* Hamster-Leckerlis
* Schere

GESUNDE SNACKS

Dein Hamster soll sich nicht an den Leckerlis überfressen, wenn er dieses Spielzeug liebt. Versuche deshalb, einen Teil der Leckerlis durch Futterpellets zu ersetzen.

Version 1

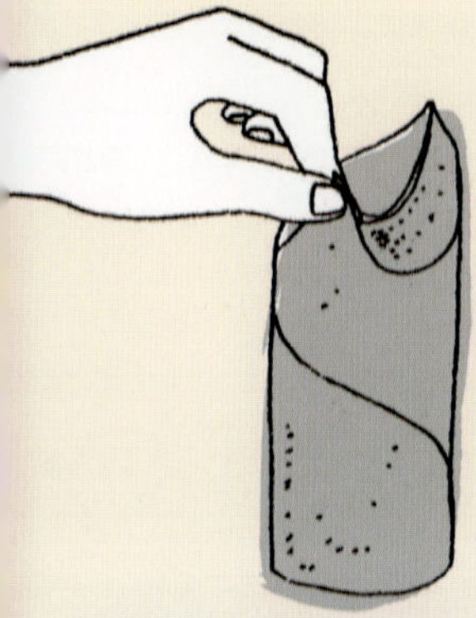

1 Die erste Leckerli-Röhre ist am einfachsten herzustellen. Nimm eine Klopapierrolle und falte sie an einem Ende an beiden Seiten ein, um sie zu verschließen.

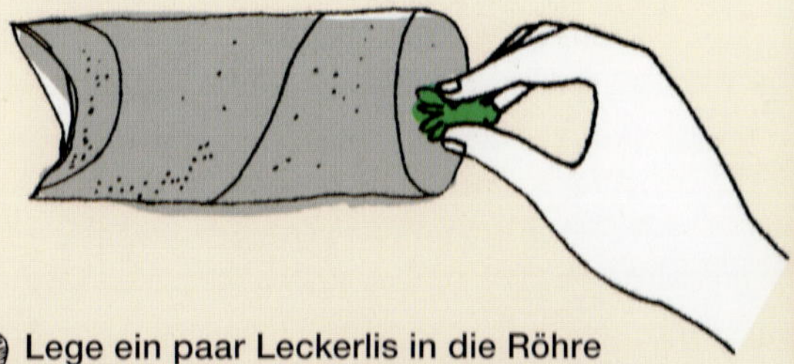

2 Lege ein paar Leckerlis in die Röhre und falte dann das andere Ende ein.

Version 2

1 Für die zweite Leckerli-Röhre legst Du eine Kartonröhre an die lange Seite eines Blatts Kopierpapier.

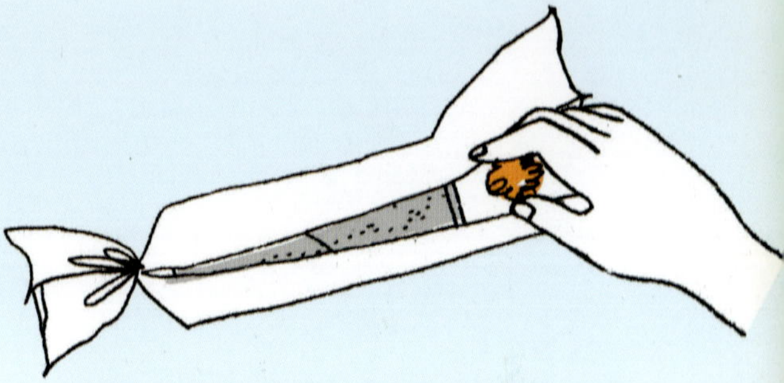

2 Rolle die Röhre in das Papier ein und zwirble ein Ende des Papiers als Verschluss zusammen. Lege in die Mitte der Röhre Leckerlis und zwirble dann auch das Papier am anderen Ende zusammen. Schneide die Papierenden etwas ab, wenn sie zu lang sind.

Version 3

1 Für diese Version brauchst Du vier Klopapierrollen. Nimm drei Rollen, drücke sie platt und falte sie entlang der langen Seiten zusammen.

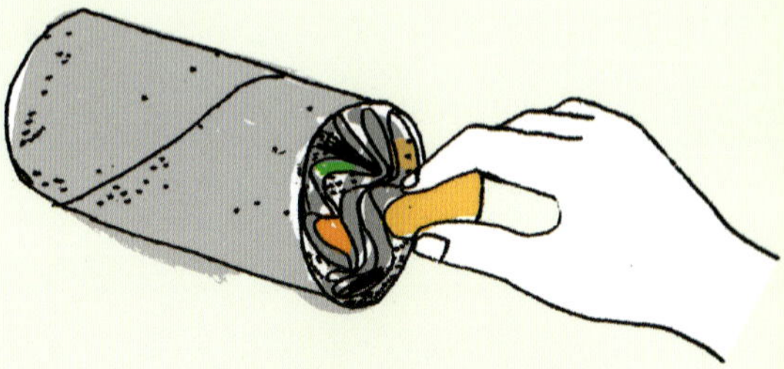

2 Schiebe die drei geplätteten Röhren in die vierte Röhre und stecke dann an den Enden Leckerlis in die Lücken zwischen den Kartonteilen.

LECKERLI-BALL

Dieses Spielzeug ist ganz einfach zu basteln und wird Deinem Hamster viel Freude bereiten. Er kann es herumrollen, damit spielen und daran nagen. Im Ball kannst du Futter, ein Leckerli oder sogar gesundes Gemüse verstecken.

WERKZEUG & MATERIAL

* Klopapierrollen (eine für jeden Ball, den Du herstellen willst)
* Futterpellets, Leckerlis oder kleine Gemüsestücke
* Schere

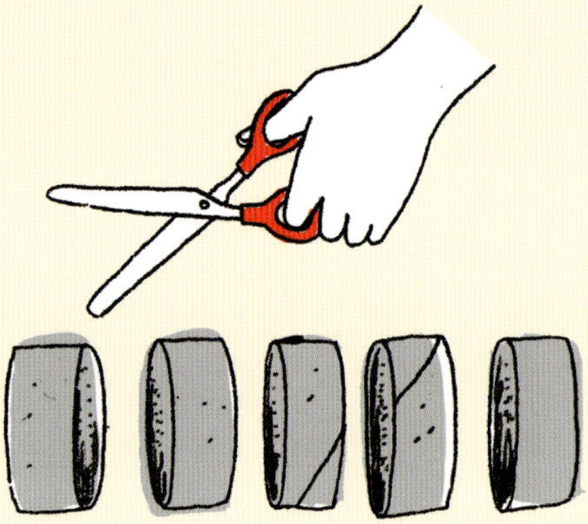

1 Schneide eine Klopapierrolle mit einer Schere in fünf gleichgroße Ringe.

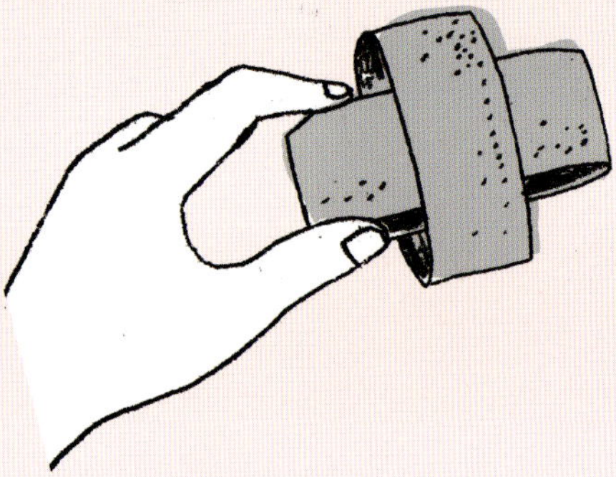

2 Stecke einen Pappring in einen zweiten, sodass sie ein X bilden.

LÄNGERER SPIELSPASS

Kleine Futterpellets fallen schneller heraus als große Gemüsestücke. Mit größeren Stücken ist Dein Hamster länger beschäftigt.

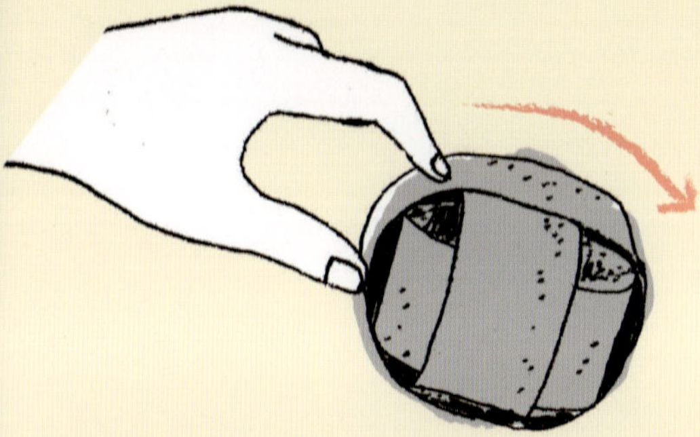

3 Schiebe einen dritten Ring außen über die beiden anderen, sodass er diese zusammenhält.

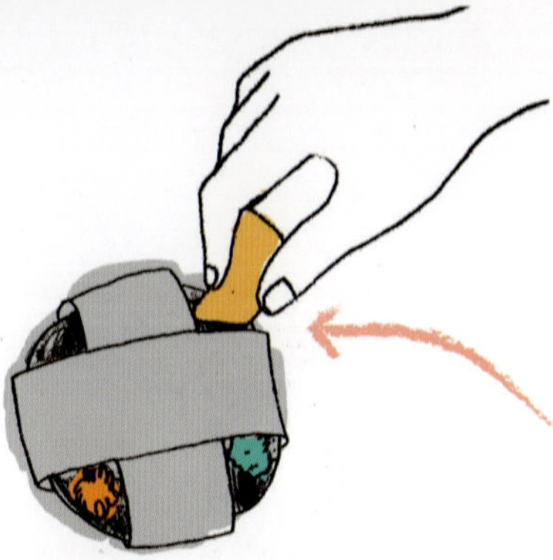

4 Schiebe ein Futterpellet oder ein Stück Gemüse in die Mitte der Pappkonstruktion.

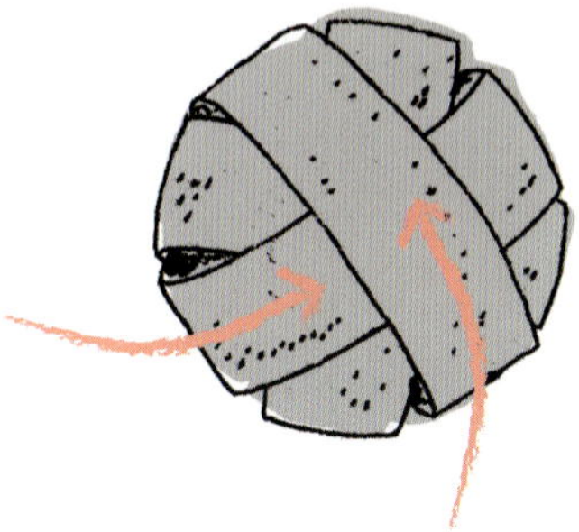

5 Bring die beiden anderen Ringe in anderen Ausrichtungen um den Ball an.

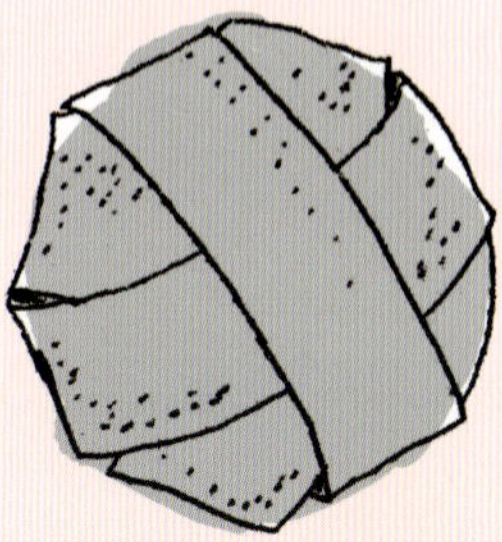

6 Schiebe die Ringe so zurecht, dass alle Löcher verschlossen sind. Dadurch wird es für Deinen Hamster schwieriger, an das Leckerli zu gelangen.

KNABBERBAND

Das Knabberband ist eine großartige Möglichkeit, den Hamster nach Herzenslust knabbern zu lassen! Und nicht nur das: Er kann daran sogar klettern und ein bisschen schaukeln.

WERKZEUG & MATERIAL

* Hammer und Nagel oder Bohrer
* Schere
* Schnur, ca. 30 cm lang

Du kannst eine Mischung aus den folgenden Materialien verwenden:

* Wellpappe oder Pappe (ohne Aufdruck)
* Stücke eines Eierkartons
* Stücke von Klopapierrollen
* Stücke aus Eisstielen
* Nicht behandelte Holzstücke
* Leckerlis

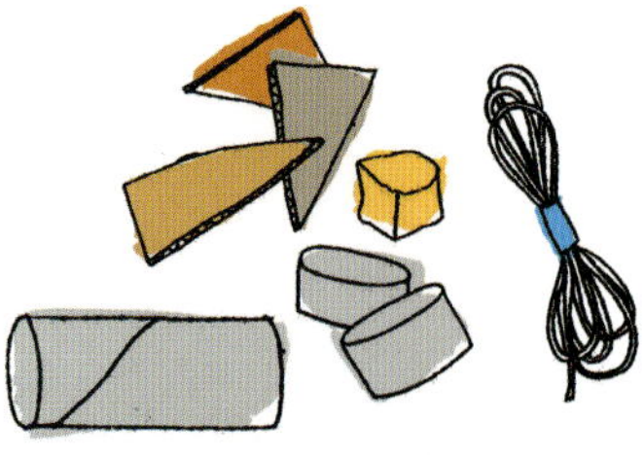

HAMSTERZAHNBÜRSTE

Dieses Projekt enthält verschiedene Strukturen, die Deinem Hamster helfen, seine Zähne sauber, kurz und gesund zu halten. Ein oder zwei Leckerlis wecken das Interesse des Hamsters, und das Holz und die Pappe helfen, seine Zähne auf eine geeignete Länge zu bringen.

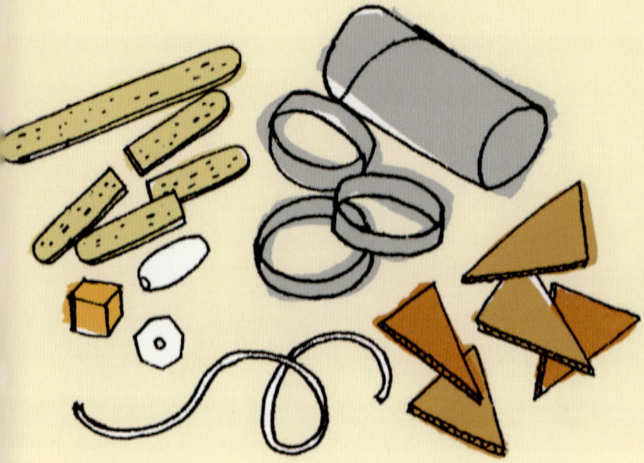

1 Sammle Material und schneide es in kleine Formen. Wenn Du viele verschiedene Formen herstellst, gibt es viele unterschiedliche Kanten, an denen Dein Hamster nagen kann.

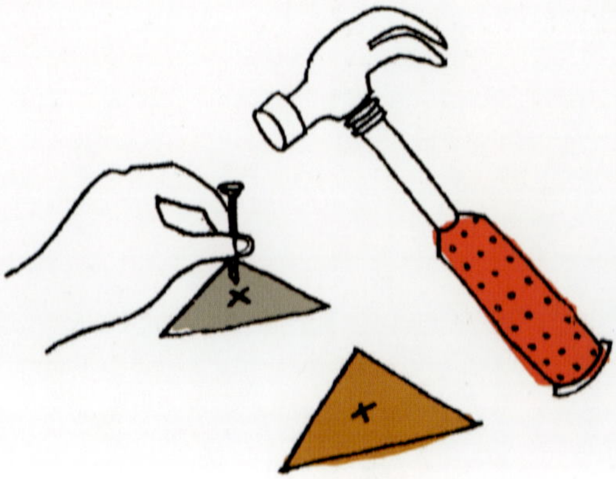

2 Bring mit einem Bohrer oder mit Hammer und Nagel ein Loch in der Mitte aller Stücke an.

3 Fädle ein Stück auf die Schnur, schiebe es bis ans Ende und verknote es so, dass es nicht von der Schnur rutscht. Fädle anschließend die restlichen Teile auf und mische dabei die Größen und Formen. Bring jeweils Knoten zwischen den einzelnen Teilen an.

4 Wenn du das Band fertig hast, binde es an eine der Stangen des Hamsterkäfigs. Es sollte so weit herunterhängen, dass der Hamster es gut erreichen kann.

SPIELZEUG ZUM AUSRUHEN

Hamster lieben es, sich in kleinen, geschützten Räumen zu erholen, so wie sie es in ihrer natürlichen Umgebung in unterirdischen Verstecken tun. In diesem Abschnitt findest Du viele interessante Verstecke, die Du bauen kannst, damit sich Dein Hamster sicher und geschützt fühlt.

DIE VERSTECKHÖHLE

Diese Höhle ist einfach anzufertigen. Hier kann Dein Hamster ein Nickerchen halten oder ein bisschen spielen, wenn er ausgeschlafen hat.

FARBTUPFER
Um das Ganze farblich aufzupeppen, gib ein wenig ungiftige Farbe in das Wasser, wenn Du die letzte Schicht Klopapier auf den Ballon aufträgst.

WERKZEUG & MATERIAL

* Runder Ballon
* Klopapier
* Papierhandtücher
* Wasser
* Glas
* Großer Pinsel

OPTIONAL:

* Ungiftige Farbe oder Färbemittel

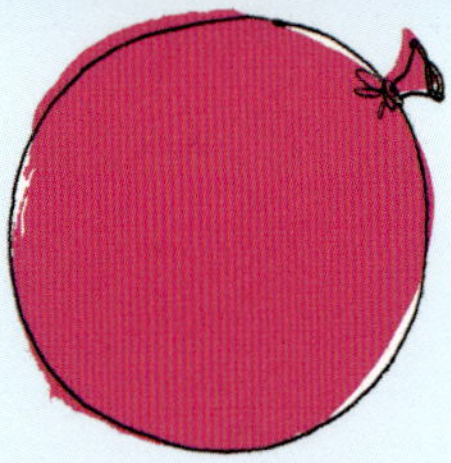

1 Blas den Ballon auf die Größe auf, die die Höhle erhalten soll.

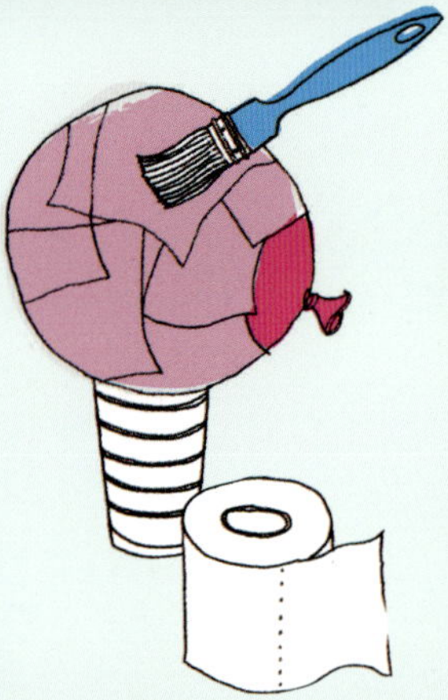

2 Verwende das Glas als Ständer, auf dem Du den Ballon ablegst. Lege eine Schicht Klopapier um den Ballon und feuchte es mit Hilfe des Pinsels mit Wasser an. Bring weiteres Klopapier an, bis der ganze Ballon bedeckt ist. Am Knoten lässt Du eine Öffnung frei.

3 Reiß das Papierhandtuch in Streifen. Befeuchte die Streifen mit Wasser und bedecke den Ballon damit. Füge weitere Schichten aus Klopapier und Papierhandtuch hinzu, bis Du fünf Schichten hast. Die letzte Schicht sollte aus Klopapier bestehen.

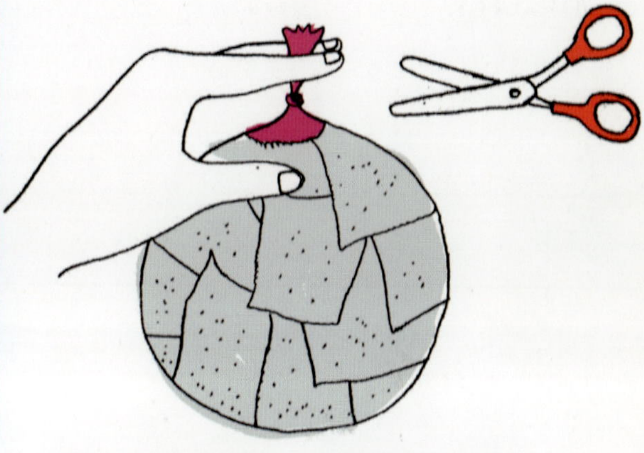

4 Lass den Ballon vollständig trocknen. Wenn er trocken ist, schneide neben dem Knoten vorsichtig ein kleines Loch in die Hülle und lass die Luft langsam entweichen. Entferne den Ballon aus der Papierschale.

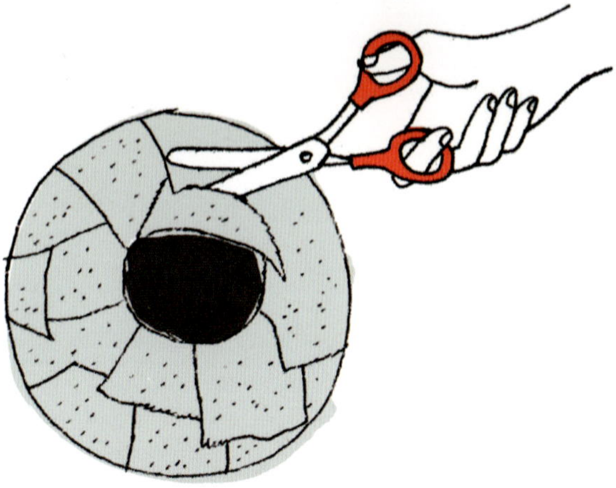

5 Vergrößere die Öffnung der Höhle mit der Schere.

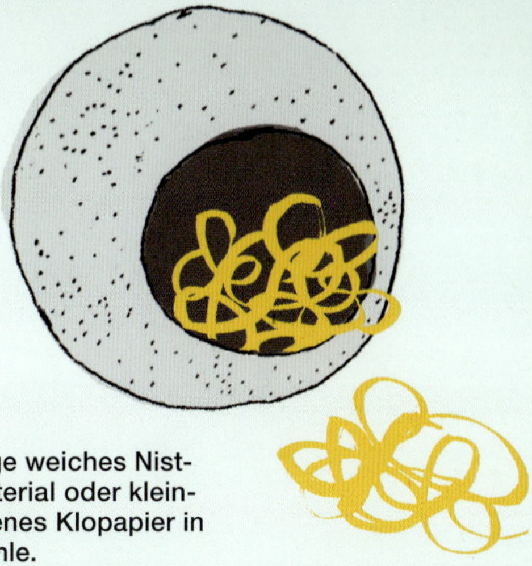

6 Lege weiches Nistmaterial oder kleingerissenes Klopapier in die Höhle.

DAS HAMSTERGEBIRGE

Dieses gemütliche Versteck hat ein Dach, auf das Dein Hamster klettern kann. Ein weiteres Abenteuer für ihn!

WERKZEUG & MATERIAL

* Wellpappe
* Große Bastelstäbchen
* Eisstiele
* Starker, ungiftiger Kleber
* Schere
* Stift

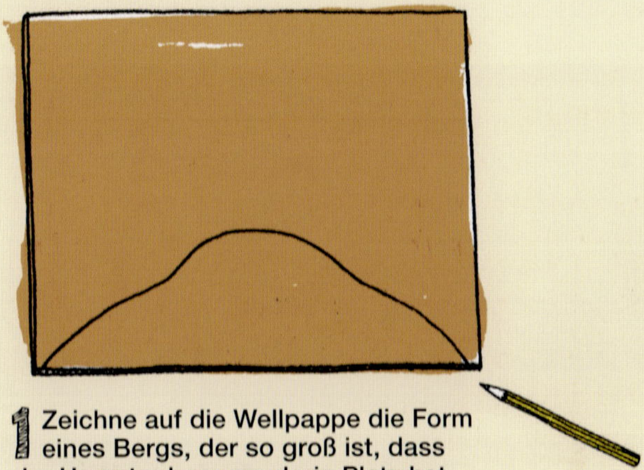

1 Zeichne auf die Wellpappe die Form eines Bergs, der so groß ist, dass der Hamster bequem darin Platz hat. Eine Kante der Wellpappe bildet das Fundament des Bergs.

2 Schneide die Form mit der Schere aus. Zeichne sie auf Pappe nach und schneide sie ein zweites Mal aus. Damit hast Du die Innenwände.

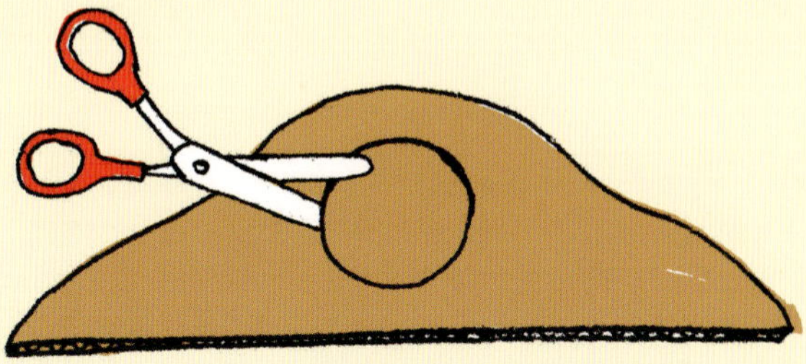

3 Schneide in der Mitte einer der Wände einen Kreis für den Eingang aus.

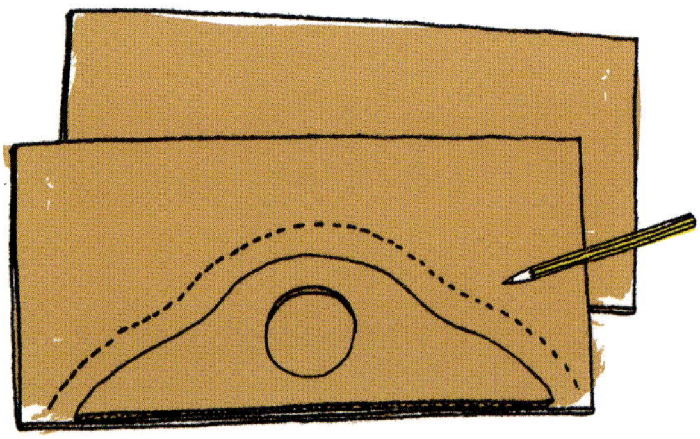

4 Für die Außenwände legst Du die Innenwände auf die Wellpappe und zeichnest eine Form nach, die an der gekrümmten Seite 2,5–5 cm größer ist als die Innenwand. Ziehe auch die Eingangsöffnung an einer der Außenwände nach. Schneide die Außenwände aus.

5 Schneide die abgerundeten Ecken der großen Bastelstäbchen flach zu. Sie bilden die Oberseite des Bergs.

6 Klebe diese zugeschnittenen Bastelstäbchen nebeneinander zwischen die Innenwände, sodass ein Dach entsteht.

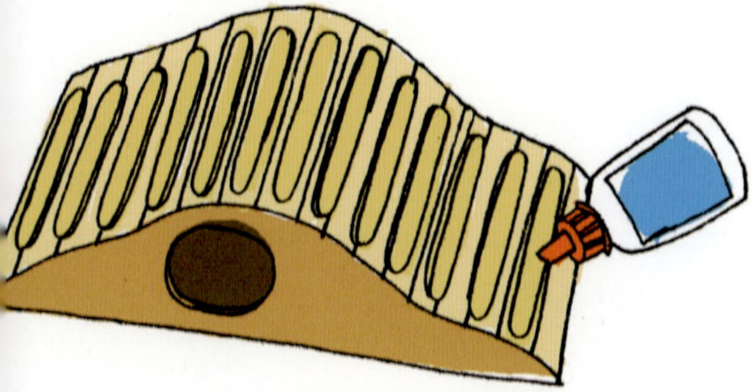

7 Klebe Eisstiele in gleichmäßigen Abständen entlang der Oberseite, damit der Hamster Sprossen hat.

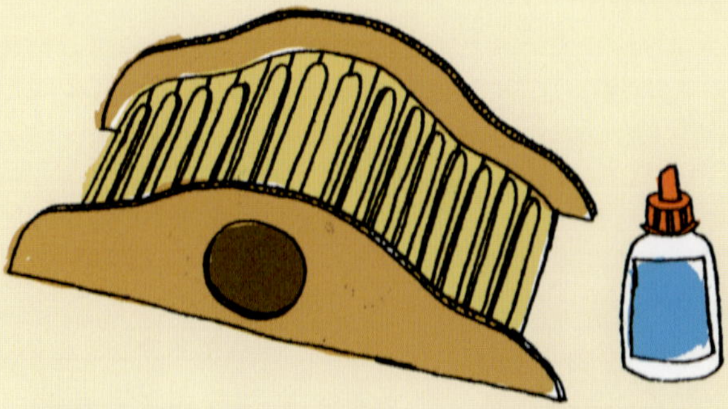

8 Klebe die Außenwände an beide Seiten des Bergs, wobei die beiden Wände mit den Eingangsöffnungen übereinander liegen müssen.

TIPP

Dieses praktische Versteck kann auch als Leiter dienen, über die Dein Hamster andere Ebenen in seiner Umgebung erreicht, z. B. eine Plattform oder eine aufgehängte Hütte.

DAS SCHLOSS

Verdient Dein Hamster vielleicht einen Urlaub, nachdem er die ganze Woche gerannt ist, gegraben und genagt hat? In diesem Schloss kann er sich wunderbar entspannen!

WERKZEUG & MATERIAL

* Kleine Kartonschachtel, die groß genug für Deinen Hamster ist (z. B. eine Papiertaschentuch-Schachtel)
* Wellpappe
* 4 Klopapierrollen
* Schere
* Lineal
* Stift
* Starker, ungiftiger Kleber

OPTIONAL:

* Ungiftige Farben

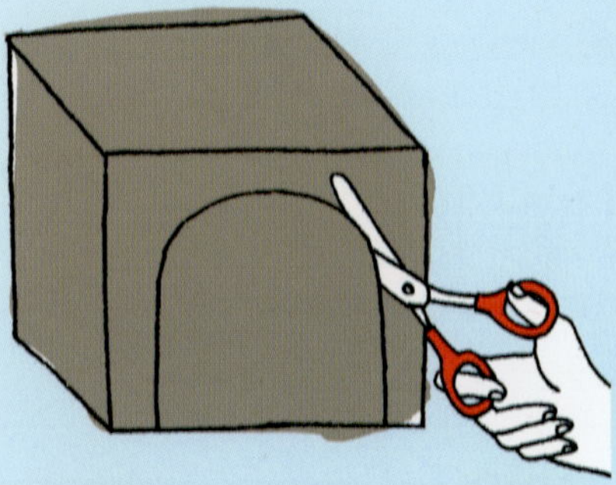

1 Schneide eine abgerundete Tür in eine Seite der Pappschachtel. Wenn Du eine Papiertaschentuch-Schachtel verwendest, vergrößere die Öffnung, um einen Einstieg daraus zu machen.

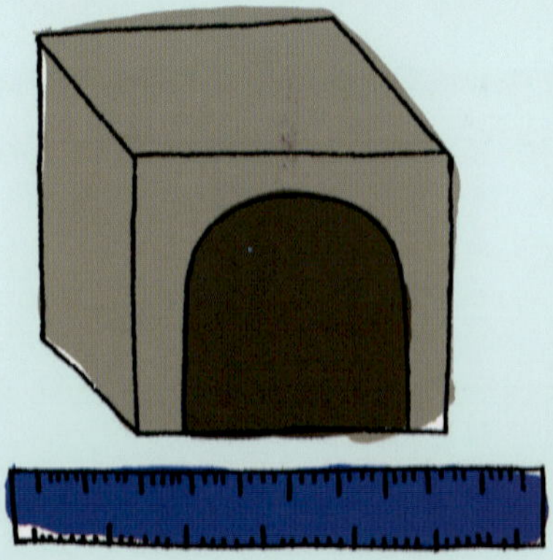

2 Berechne mit Hilfe eines Lineals, wie groß die vier quadratischen Türme des Schlosses werden sollen: Sie sollten weniger als halb so breit wie die Seite der Schachtel sein und ein paar Zentimeter höher als die Schachtel.

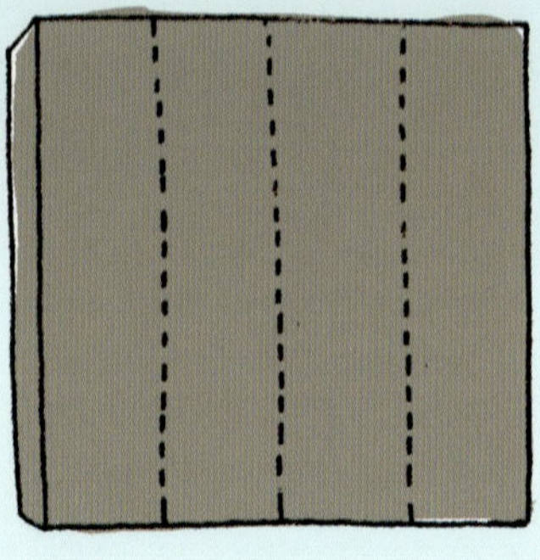

3 Zeichne ein Rechteck auf die Pappe, so hoch wie der Turm und viermal so breit, wie in Schritt 2 berechnet. Unterteile die Breite Deines Rechtecks in vier gleich große Abschnitte und kennzeichne sie mit einem Stift. Gib an beiden Rändern jeweils noch einen schmalen Klebestreifen dazu. Schneide die gesamte Form aus dem Pappkarton aus. Wiederhole dies dreimal, um die weiteren Türme zu bauen.

4 Falte den Karton entlang der gekennzeichneten Linien. Drücke ein Lineal auf die Linie und falte den Karton nach oben. Auf diese Weise erhältst Du eine saubere Kante.

5 Schneide rechteckige Einkerbungen in den Pappkarton, die die Zinnen oben an den Türmen bilden.

6 Trage Kleber auf die Klebestreifen auf und klebe die einzelnen Türme zusammen. Während der Kleber trocknet, kannst Du sie mit einem Stück Klebestreifen fixieren.

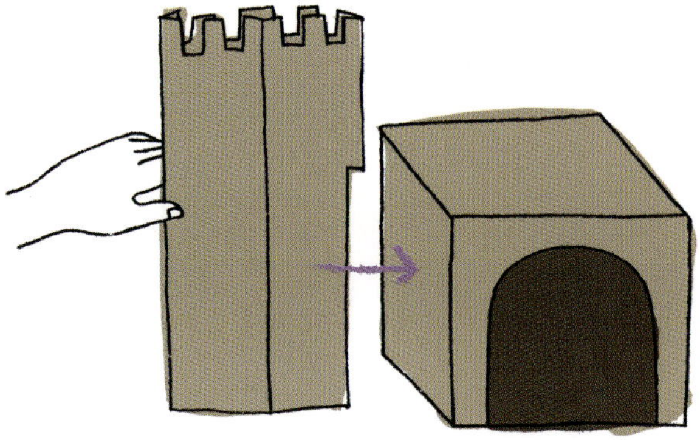

7 Nachdem der Kleber vollständig getrocknet ist, drücke die Türme flach und schneide einen schmalen Streifen aus einer Kante, vom Boden bis zur Höhe der Schachtel.

8 Falte die Türme wieder auf, schiebe sie an ihre Position und klebe sie an den vier Ecken der Schachtel fest.

9 Bastle eine Rampe zum Dach des Schlosses. Dazu schneidest du ein Stück Pappe aus, das zwischen die beiden Türme an der Rückseite der Schachtel passt. Klebe in gleichmäßigen Abständen schmale Streifen Pappe auf die Rampe, die dem Hamster als Sprossen dienen, und klebe dann die Rampe fest.

10 Schneide drei rechteckige Pappstücke aus, die an den anderen drei Seiten des Dachs als Mauern dienen. Sie müssen jeweils zwischen die Türme passen. Schneide zur Dekoration rechteckige Kerben oben an jedes Stück. Klebe sie an die drei Seiten des Dachs.

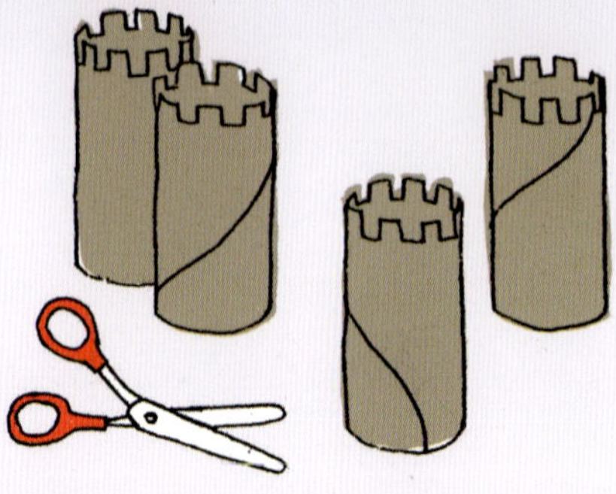

11 Bastle aus den vier Klopapierrollen die Türme für die Außenmauer. Schneide rechteckige Kerben oben in jede Röhre, um sie wie Türme aussehen zu lassen.

12 Ordne die Türme um das Schloss herum an, um zu entscheiden, wie groß die Außenmauer wird.

13 Miss den Abstand zwischen diesen Außentürmen, um zu berechnen, wie lang die Mauerabschnitte zwischen ihnen sein müssen. Gib an jedem Ende 1 cm zu (also 2 cm pro Mauerstück), um die Mauern in die Türme einstecken zu können. Die Mauern müssen mindestens 1 cm niedriger sein als die Türme. Zeichne diese Form auf Pappe und schneide sie aus. Wiederhole dies für alle vier Außenmauern.

14 Zeichne auf die vordere Mauer ein Rechteck mit Bogen an der Oberseite für das Tor. Es muss so groß sein, dass Dein Hamster leicht hindurchpasst. Zeichne eine Linie durch die Mitte des Tors. Schneide entlang dieser Mittellinie und entlang des Bogens und falte dann die Türen nach außen.

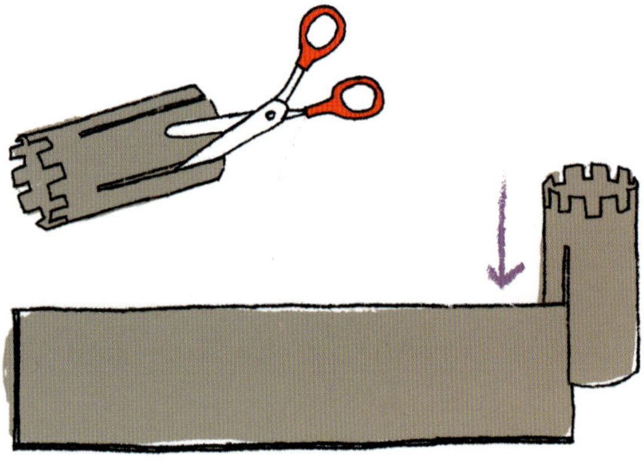

15 Schneide in jeden der Türme zwei Schlitze, die dieselbe Höhe wie die Außenmauern haben. Der zweite Schlitz muss einen Viertelumfang vom ersten Schlitz entfernt sein. Setze die Außenmauern in diese Schlitze ein, um den Schutzwall für Dein Schloss anzulegen.

16 Dekoriere das Schloss mit hamstersicherer Farbe.

SCHLOSSANLAGE

Erweitere Dein Schloss zu einer ganzen Anlage – baue mehr Schachteln ein und erweitere die Mauer oder verbinde mehrere Schlösser mit Tunneln.

DAS RUNDE HAUS

Dieses kleine, gemütliche Häuschen mit interessanter runder Form ist optimal für ein Mittagsschläfchen des Hamsters.

WERKZEUG & MATERIAL

- Große Kartonröhre, die weit genug ist, dass sich Dein Hamster darin erholen kann
- Pappkarton
- Große Bastelstäbchen
- Bastelsäge
- Schere oder Teppichmesser
- Starker, ungiftiger Kleber

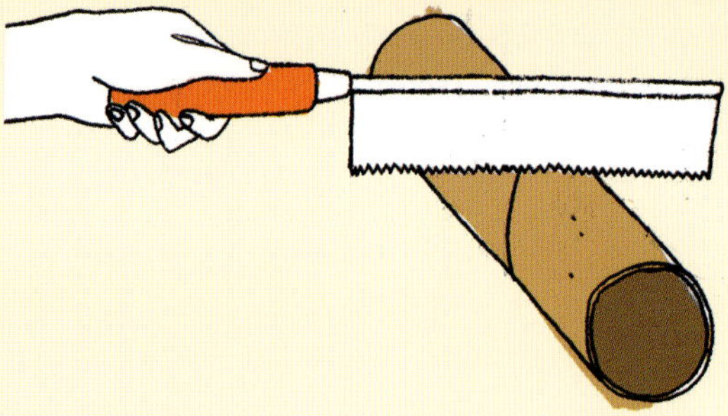

1 Säge ein Stück der Kartonröhre auf die Größe, die das fertige Häuschen haben soll.

2 Ziehe auf dem Pappkarton das Ende der Röhre zweimal nach, um zwei Kreise zu erhalten. Schneide beide Kreise aus der Pappe aus.

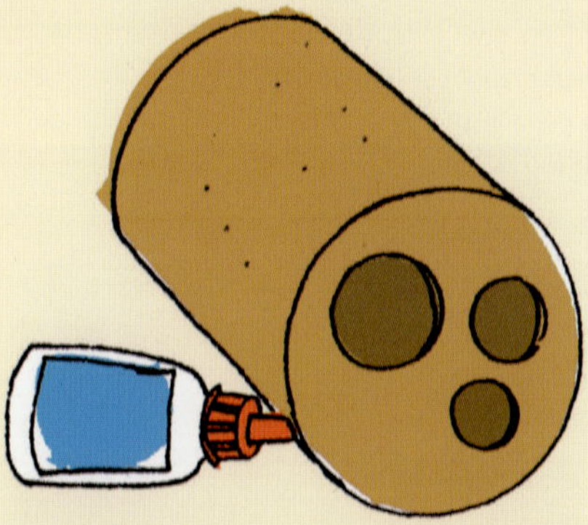

3 Schneide in einem der Kreise zwei oder drei kleine Löcher für Fenster aus und klebe den Kreis an das Ende der Pappröhre.

4 Schneide von dem anderen Kreis ein schmales Stück ab und klebe es an das andere Ende der Pappröhre. Achte darauf, dass Dein Hamster genügend Platz hat, um in die Röhre zu gelangen und sie wieder zu verlassen.

5 Säge ein weiteres Stück der Pappröhre ab, das dieselbe Länge wie das Haus hat. Schneide von diesem Teil der Länge nach einen Ausschnitt aus und klebe ihn als Sockel unten an das Haus. Lass ein kleines Stück überstehen, das als Trittbrett dient.

6 Klebe ein paar große Bastelstäbchen als Dach oben auf die Röhre. Damit ist das Häuschen fertig für den Hamster!

DIE PERSÖNLICHE NOTE

Du kannst das Häuschen persönlicher machen, indem Du den Namen Deines Hamsters vorne an den Eingang schreibst.

REGISTER

N

P

R

S

T

U

V

W

Z

DANKSAGUNGEN

Bilder mit freundlicher Genehmigung von
shutterstock.com und den folgenden Fotografen:
Subbotina Anna, Seite 1;
Hintau Aliaksei, Seite 3;
Viachaslau Kraskouski, Seite 13.

Alle Abbildungen für die Schritt-für-Schritt-Anleitungen sowie alle anderen Abbildungen unterliegen dem Copyright von Quarto Publishing plc. Es wurden alle Anstrengungen unternommen, sämtliche Beteiligten zu nennen. Falls es dennoch Auslassungen oder Fehler gegeben hat, bittet Quarto um Entschuldigung und nimmt in zukünftigen Auflagen des Buchs gern entsprechende Korrekturen vor.

Ein besonderer Dank geht an unsere
Models Casper, Darcey und Syrup.

Casper

Darcey

Syrup